拾月
主编

伦理与人生

厚德载物的知识

大学讲堂书系·人生大学知识讲堂

主　编：拾　月
副主编：王洪锋　卢丽艳
编　委：张　帅　车　坤　丁　辉
　　　　李　丹　贾宇墨

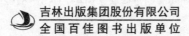
吉林出版集团股份有限公司
全国百佳图书出版单位

图书在版编目（CIP）数据

伦理与人生：厚德载物的知识 / 拾月主编. -- 长春：吉林出版集团股份有限公司，2016.2（2022.4重印）

（人生大学讲堂书系）

ISBN 978-7-5581-0748-1

Ⅰ.①伦… Ⅱ.①拾… Ⅲ.①伦理学－青少年读物②人生哲学－青少年读物 Ⅳ.①B82-49②B821-49

中国版本图书馆CIP数据核字（2016）第041322号

LUNLI YU RENSHENG HOUDEZAIWU DE ZHISHI

伦理与人生——厚德载物的知识

主　　编　拾　月
副 主 编　王洪锋　卢丽艳
责任编辑　杨亚仙
装帧设计　刘美丽

出　　版　吉林出版集团股份有限公司
发　　行　吉林出版集团社科图书有限公司
地　　址　吉林省长春市南关区福祉大路5788号　邮编：130118
印　　刷　鸿鹄（唐山）印务有限公司
电　　话　0431-81629712（总编办）　0431-81629729（营销中心）
抖 音 号　吉林出版集团社科图书有限公司　37009026326

开　　本　710 mm×1000 mm　1 / 16
印　　张　12
字　　数　200 千字
版　　次　2016 年 3 月第 1 版
印　　次　2022 年 4 月第 2 次印刷

书　　号　ISBN 978-7-5581-0748-1
定　　价　36.00 元

"人生大学讲堂书系" 总前言

昙花一现，把耀眼的美只定格在了一瞬间，无数的努力、无数的付出只为这一个宁静的夜晚；蚕蛹在无数个黑夜中默默地等待，只为了有朝一日破茧成蝶，完成生命的飞跃。人生也一样，短暂却也耀眼。

每一个生命的诞生，都如摊开一张崭新的图画。岁月的年轮在四季的脚步中增长，生命在一呼一吸间得到升华。随着时间的推移，我们渐渐成长，对人生有了更深刻的认识：人的一生原来一直都在不停地学习。学习说话、学习走路、学习知识、学习为人处世……"活到老，学到老"远不是说说那么简单。

有梦就去追，永远不会觉得累。——假若你是一棵小草，即使没有花儿的艳丽，大树的强壮，但是你却可以为大地穿上美丽的外衣。假若你是一条无名的小溪，即使没有大海的浩瀚，大江的奔腾，但是你可以汇成浩浩荡荡的江河。人生也是如此，即使你是一个不出众的人，但只要你不断学习，坚持不懈，就一定会有流光溢彩之日。邓小平曾经说过："我没有上过大学，但我一向认为，从我出生那天起，就在上着人生这所大学。它没有毕业的一天，直到去见上帝。"

人生在世，需要目标、追求与奋斗；需要尝尽苦辣酸甜；需要在失败后汲取经验。俗话说，"不经历风雨，怎能见彩虹"，人生注定要九转曲折，没有谁的一生是一帆风顺的。生命中每一个挫折的降临，都是命运驱使你重新开始的机会，让你有朝一日苦尽甘来。每个人都曾遭受过打击与嘲讽，但人生都会有收获时节，你最终还是会奏响生命的乐章，唱出自己最美妙的歌！

正所谓，"失败是成功之母"。在漫长的成长路途中，我们都会经历无数次磨炼。但是，我们不能气馁，不能向失败认输。那样的话，就等于抛弃了自己。我们应该一往无前，怀着必胜的信念，迎接成功那一刻的辉煌……

感悟人生，我们应该懂得面对，这样人生才不会失去勇气……

感悟人生，我们应该知道乐观，这样生活才不会失去希望……

感悟人生，我们应该学会智慧，这样在社会上才不会迷失……

本套"人生大学讲堂书系"分别从"人生大学活法讲堂""人生大学名人讲堂""人生大学榜样讲堂""人生大学知识讲堂"四个方面，以人生的真知灼见去诠释人生大学这个主题的寓意和内涵，让每个人都能够读完"人生的大学"，成为一名"人生大学"的优等生，使每个人都能够创造出生命中的辉煌，让人生之花耀眼绚丽地绽放！

作为新时代的青年人，终究要登上人生大学的顶峰，打造自己的一片蓝天，像雄鹰一样展翅翱翔！

"人生大学知识讲堂" 丛书前言

易中天曾经说过:"经典是人类文化的精华,先秦诸子,是中国文化遗产中经典中的经典,精华中的精华。这是影响中华民族几千年的文化经典。没有它,我们的文化会黯然失色;这又是我们中华民族思想的基石,没有它,我们的思想会索然无味。几千年来,先秦诸子以其恒久的生命力存活于人间,影响和激励了一代又一代人。"

人创造了文化,文化也在塑造着人。

社会发展和人的发展过程是相互结合、相互促进的。随着人全面的发展,社会物质文化财富就会被创造得越多,人民的生活就越能得到改善。反过来,物质文化条件越充分,就又越能推进人的全面发展。社会生产力和经济文化的发展是逐步提高、永无休止的历史过程,人的全面发展也是逐步提高、永无休止的过程。

青少年成长的过程本质上是培养完善人格、健全心智的过程。人的生命在教育中不断成长,人通过接受教育而成为人。夸美纽斯说:"有人说,学校是人性的工场。这是明智的说法。因为毫无疑问,通过学校的作用,人真正地成为人。"不可否认,世界性的经典文化是千百年来流传下来的文化遗产与精神财富,塑造了人们的文化精神及思想品格，教育中社会性的人际生命与超越性的精神生命都是文化传统赋予的。经典的文化知识是塑造人生命的基本力量，利用传统文化经典对大学生进行生命教育不仅必要而且可能。

经典知识尤其是思想类经典，具有博大的生命意蕴，可以丰富人的精神生命。儒家经典主要有"四书五经"，讲求正心、诚意、格物、致知、修身、齐家、治国、平天下，从成己而成人，着重建构人的社会性生命。道家经典以《道德经》《庄子》为代表，以得道成仙、自然无为为旨归，侧重人的精神生命。佛教禅宗经典以《坛经》为代表，以明心见性、顿悟成佛为核要，直指人的灵性存在，侧重生命的超越性。

传统文化经典蕴含丰富的生命智慧，有利于提升人格，涵养心灵。中国传统文化蕴含丰富的人生智慧，例如道家的重生养生、少私寡欲；儒家的自强不息、厚德载物；佛家的智悲双运、自利利他等思想，对于引导青少年确立生命的价值与信念，保持良好心境，处理人际关系，提升青少年的修养，不无裨益。

为了更好地帮助青少年在人生成长过程中得到经典知识文化的滋养，使世界先进的文化知识在青少年群体中形成良好传播，我们特别编撰了"人生大学知识讲堂"系列丛书，此套丛书包含了"文化与人生""哲学与人生""智慧与人生""美学与人生""伦理与人生""国学与人生""心理与人生""科学与人生""人生箴言""人生金律"10个方面，丛书以独到的视角，将世界文化知识的精髓融入趣味故事中，以期为青少年的身心灌注时代成长的最强能量。人们需要知识，如同人类生存中需要新鲜的空气和清澈的甘泉。我们相信知识的力量与美丽。相信在读完此书后，你会有所收获。

目录 Contents

第5章 不断进取的开拓者——智勇兼全的自勉伦理

第6章 守护秩序的捍卫者——法治清明的取士伦理

第 1 章

人生坚固的精神长城——伦理道德本质

对美德的本质的看法可以归纳为三种。一种看法认为美德不存在于任何一种具体的情感之中，而是存在于我们对所有感情合宜的控制之中，这些感情根据其目的和表现的激烈程度，既可以被看成是善良的，也可以被看作是邪恶的，即认为美德存在于合宜性之中；另一种看法认为，美德存在于我们对个人利益和幸福的审慎追求之中，即认为美德存在于谨慎之中；还有一种看法认为，美德存在于为促进他人幸福的感情之中，即认为美德存在且只存在于仁慈之中。

第一节　仁者爱人是仁德

　　"仁者爱人"一语出自《论语》一书。"仁者"指的是具有仁爱思想的人，"爱"指的是关心、爱惜、怜惜，"人"指的就是所有人。所以，这句话大概的意思就是具备仁爱思想的人能够关心并怜爱别人。事实上，在我们的身边也并不缺少这些仁者爱人的行为，只需要你用仁爱的眼睛去留心地观察，你就会发现这些令人赞赏的行为。"仁"字的含义广泛且又灵活多变，以至于两千多年来从未有过准确的定义，但也给后人在见仁见智的理解基础上提供了许多的可能性。《论语》在对"仁"字进行概述的同时，也奠定了日后"仁"学思想的核心内容—"仁者爱人"学说。

　　我国古代各家学派对于"仁"字的解释各有千秋。墨家代表人物墨子提出的"兼爱非攻"的思想，讲究"兴天下之利，除天下之害"，以是否有损"国家人民之利"作为行事的基本准则，这也可以说是对"仁"的思想的理解有了进一步的飞跃和发展。

　　清代的曾国藩一生宽以待人，他在给长子曾纪泽的信中要求儿子要做到"以仁存心，以礼存心，有终身之忧，无一朝之患"。他的意思是说，在做人方面要常怀仁慈之心，关心他人；在待人接物方面要遵守礼节，不可僭越，而且还要时刻保持忧患意识，切勿因为一时的贪念而去享乐。曾国藩不仅如此要求自己的孩子，也以同样的要求告诫自己的兄弟、部属以及同僚们。做人就是要本着一颗仁爱的心，以宽恕之理来处理事物，为人处世要符合孟子的仁爱思想。

《论语》中把"仁者爱人"学说解释成为"三段论"的一种理论体系，具体包括"修己论""仁本论"及"博爱论"三个方面的内容，且这三个方面的内容是有机统一的。概括《论语》"仁者爱人"学说，对当代建设和谐社会具有一定的启发意义。

"仁者爱人"学说的"修己论"

在这个理论体系中，孔子特别强调的是个人的内在修为，也是"仁者"能在真正意义上"爱人"的必要条件。如果一个人连自己的人格都不能完善，又何谈关心、爱惜他人？所以说，孔子特别注重人格的修养。"修己"就是严于律己，就是不断地追求人格的完美。子曰："为仁由己，而由人乎哉？"要想达到仁者的境界，一定要通过个人内在的不断努力，才能逐渐达成个人人格的完善，这样才能达到修己的目的："修己以敬""修己以安人""修己以安百姓"，这就是孔子"修己论"的核心内容。

"修己"需要不间断的学习。孔子认为仁与学的关系密不可分。首先，孔子认为"仁"需要学才能得到。孔子所追求的哲学原理就是所谓的"中庸之道"，这正是追寻完美人格最恰到好处的标志，而达成这一目标的最便捷的途径就是要坚持不懈地去学习。孔子所提倡的"修己"，不仅仅是为了完善自己的人格，更是为了推行他所追求的仁德。他认为仅是纯粹地追求自身的完善，还不能完全算作是仁，至多算作是一种美德。

孔子将美德与仁德做了细致的划分，反映出他一向推崇的"若圣与仁，则吾岂敢"的思想，在这一点上，孔子一直认为完善"仁"

的人格，要求特别高，寻常人不可能轻易做到。为了追求自己一直向往不已的仁道，孔子还指出了为实现"仁"，还应该具有牺牲奉献的精神。所谓"仁者必有勇"，强调的就是这一点。"殷有三仁焉"，殷朝的三位仁人都非常具有牺牲精神，所以，孔子称他们为"三仁"。这种为了实现"仁"而富有的牺牲精神的崇高追求就是："杀身以成仁"。这个意义的"仁"，孔子称之为"道"，所以，他又说："朝闻道，夕死可矣。"

"仁者爱人"学说的"仁本论"

"仁本论"，着重强调的是从伦理的角度来解释"仁"的含义，它将诸多的伦理道德全部联结在一起，并依次进行阐释，来寻找"仁"的本源。《论语》一书中多次提到了多种伦理道德，比如孝、悌、忠、敬……它们都是把"仁"作为核心内容，这些是"仁"在道德行为上的外在表象。作为社会伦理体系的基础与核心，"仁"是对以往氏族血缘关系的宏观性道德的所有囊括，它既是对以往人与人之间的关系的总体性继承，同时也是对现实生活中的人与人之间的关系的总体概括。孔子之所以对"仁"有着如此复杂的阐述，正是说明了"仁"作为人与人之间的关系的伦理主宰，其所涵盖的社会的全方位性是多层次化的。孔子所推崇的这些美德，对我们的民族有着深远的影响，进而形成了中华民族所特有的"父慈子孝"的传统习俗和令人称道的道德风尚。

"仁者爱人"学说的理论体系的完善，其目的就是让人们对社会、对他人建立一种责任感，引导人们都具有一颗博爱的心，一同关注我们的社会，一同关注他人。追求和谐，是一种全新的生存智慧、法则，它不但需要我们关注人与自然之间的和谐发展、人与社会之间的和谐发展、人与人之间的和谐发展，更需要我们树立一种责任意识，让每一个人都成为建设和谐社会的主人。联系当前我国的社会主义现代化建设，"仁者爱人"的思想对个人在建立和谐社会的进程中培养责任意识有一定的启示作用。

（一）我们在树立责任意识时，应该先从律己开始

律己，就是要严格地要求自己。孔子说"修己以敬"、"修己以安人""修己以安百姓"，主要意思就是要让人与人之间互相尊重，让人得以自强自立，让百姓得以自食其力、安居乐业，这样的社会就是和谐社会的一种自然形态。虽然当今社会上还存在着以权谋私的贪污腐败的现象，可是，这些人最初的本质并不算坏，只是在后来随着生活环境的变化、物质生活水平的提高等因素，他们懈怠了对自己的严格要求，渐渐地过分放纵自己，最后，他们当中的很多人都沦落成了国家和人民的罪人。通过思考这些人变质的人生，不难发现多数都是从放弃律己开始的。所以，我们在建设和谐社会的过程中，不妨先从孔老夫子的"修己"理论开始，从自律做起，树立一种强烈的社会责任意识，将个体的存在和发展与社会的进步和统一联系起来。

（二）我们在树立责任意识时，应该发扬古代传统美德

中华民族是一个礼仪之邦，拥有优良的传统美德。孝、悌、忠、敬、宽厚、仁爱……这些都是古代先哲们传承下来的美德，同时也是中华民族传统文化的精髓所在。为了建设和谐社会，我们每一个人都有责任、有义务来继承、弘扬这一文化，激发民族传统文化的内在的活力与生机，赋予其新的历史内容和时代价值，努力打造出具有时代精神和创新精神的社会主义先进文化。发展

社会主义先进文化，应该以继承古代传统美德为己任，充分吸收传统文化的精髓，为构建和谐社会做精神储备。孝、悌等传统美德，应当从孩提时代抓起，让人们从小就树立一种道德意识。孔子认为："其为人也孝悌，而好犯上者，鲜矣；不好犯上而好作乱者，未之有也。"从这里我们可以看出，具有孝悌美德的人，很少会是十恶不赦的大奸大恶之人。当今社会正处于转型期，随着对外开放的程度逐渐扩大，其中有一些国人沾染上了一些不良的社会恶习，他们置中华的传统美德于不顾，道德沦丧，寡廉鲜耻……这些行为都是和谐社会所禁止的、所鄙视的。所以，继承中华民族传统美德是一件刻不容缓的大事。当每个人把对父母的孝敬之德、对兄弟的悌爱之德、对他人的敬重之德视为一种必备的品质，然后再将这些优秀的品德推广到全社会，让全社会都发扬和提倡中华的传统美德，整个社会就会变成一个有条不紊、充满责任心的和谐社会。

（三）我们在树立责任意识时，应该有一颗博爱之心

和谐社会应该是社会要求和个人责任高度统一的社会。和谐社会需要我们时刻维持着"一方有难、八方支援"的信念，时刻保持着一颗与人为善的善心，同时更需要怀揣着一颗博爱的心。孔子认为能"泛爱众"，则"亲仁"；"博施于民而能济众"，并能惠及虫鱼，这就是孔子"爱人"思想的终极情怀。当灾难来临的时候，我们每一个人都伸出友爱的援助之手，大家同甘苦、共患难，共同克服一切不可预料到的天灾人祸。联想到近些年来频繁发生的自然灾害，大家都在党和国家领导的领导下，积极地投身到实践中去。只要我们每个人都献出一份爱心，就会很容易共渡难关，战胜灾害，这就是"博施于民而能济众"的真实写照。"只

要人人都献出一点爱，这世界将变成美好的人间"，到那个时候，构建和谐社会将不再是一句空话。

"仁者爱人"对当今构建和谐社会有着重大的启示作用，最大的益处就在于它启迪我们要有一种责任意识，并从严于律己开始，发扬中华民族的传统美德，同时还应该具有一颗博爱的善心，这样，我们和谐社会的建立才会有保障。中国传统道德中的"仁者爱人"的思想，在今天仍然拥有着深刻的内涵并被广泛地运用着。这种思想表达了博爱世人、遵纪守礼、追求人际关系和谐自然的中国传统的伦理道德。之所以现在需要大力弘扬中国的传统美德—"仁爱"思想，其目的在于要劝诫国人，要本着"仁爱"的思想与人相处，这样才有利于社会主义和谐社会的构建和发展。同样的道理，在对外的关系上，同样本着"仁爱"的精神，主张"以和为贵"的思想主张，在处理国家大事上能够做到不偏不倚，积极树立正义公正的大国形象。

第二节　义薄云天是义德

读懂"义"的内涵

义气是一种许诺，属于一种朋友之间真诚的承诺。所谓的一诺千金，真诚地坚守着一个许诺，不仅能同富贵更要能分担痛苦，承担风雨，共渡难关。"义"是中国古代一种含义非常广泛的道德范畴。"义"的本意是指公正、合理而应当做的事情。孔子最早提出了"义"，它的意思是指办事精确，其义几乎涵盖了所有的世间为人处世以及其他的等级之间的关系问题，比如"不义而富贵，与我如浮云"。而孟子则进一步阐释了"义"的含义，他认为"信"和"果"都必须和"义"相关联。两宋时期以后，忠义变成了宋儒所推崇的主要的伦理道德准则，可主要还是以维护统治阶级的利益为主要目的，这是古代时期"义"的最本质的思想。而所谓的"义"，简而言之就是要讲究信义，不忘故主，可是在民间的"义"还多了一层知恩图报的意思。

"义"，发展至今，其最基本的含义就是要公平正义。当今社会，产生了许多腐败堕落的现象，一方面虽然有法律制度不完善、监督不到位等外在的原因，可是另一方面，人们的内心也逐渐丧失了最基本的道德原则立场和道德之心，也是最主要的内在原因。腐败从另一个侧面来说其实就是对正义和道德原则的随意破坏和任意践踏。说到"义"，必定要涉及"义"和"利"之间的关系。孔子曾说过："富与贵，是人之所欲也。"荀子曾说过："好利恶害，是君子小人之所同也。"对领导干部来说，更应当将公平正义作为努力追求的核心价值理念，将"义"作为道德信条、将法律原则作为底线。"义"还应该包括忠、孝等内容，比如，对于国家和民族的忠心，对家庭和夫妻关系的忠诚，对本职工作恪尽职守，对上级和朋友忠诚。

忠义当道

1993 年 3 月 5 日，24 岁的陈伟进加入志愿者结队帮扶活动，到景德镇市珠山区石狮埠街道病瘫几十年的残疾五保户李莉莉家学雷锋做好事。老人藏在床垫下的两包老鼠药暴露了其对病痛生活的绝望，也激发了陈伟进的恻隐之心。从此，他成了一对一帮扶孤寡残疾老人的志愿者，这一坚持就是 19 年。19 年来，陈伟进从一名普通民警成长为昌江分局公安治安大队教导员，期间也换过不少工作内容，可是，他对李莉莉老人细致入微的照顾却是一天也没停止过。寒冬腊月，老人整天卧病血气不旺，他总会及时地买来木炭和热水袋给老人取暖；炎炎夏日，他又及时买来冰糖绿豆汤给老人解暑。为了让卧病几十年的老人走进户外，他还买来了轮椅，常常推着老人逛街散心，不明真相的路人一个劲夸他"真是个大孝子"。老人四十多年从未回过几十公里之外的老家，他又借来小汽车载着老人得偿夙愿。

2009 年 3 月，年迈的老人突发急病，生命垂危，他顾不上自己胃出血的病痛，将老人及时送入医院，并无偿垫付医疗费近万元，让老人转危为安，而陈伟却住进了医院。此前，他已在老人家中染上结核病菌，一直在默默地坚持吃药。

为了表达对这位不是亲人胜似亲人的志愿者义薄云天的情谊，2007 年的一天，老人瞒着陈伟进托人给市委书记写了一封"感谢信"，述说了陈伟进数十年如一日倾情照料残疾孤寡老人的不凡事迹，并因此牵出了他还连续 7 年帮助另两位孤寡老人修房子、做家务、送温暖的事迹，直到两位老人去世，不是儿子，胜似儿子；他苦口婆心，还挽回了一位在外流浪了 7 年的少年浪子心，自掏腰包帮助他与父母亲团圆，不是父母，胜似父母。他为20年的"黑户"解决了心病，为追债老人讨回4600元欠款，他代群众上门办理户口、身份证300多人次，他为近千户群众解决吃水难问题……

中国自古以来就有将忠义当成是一种美德的优良传统，这一点毋庸置疑。可是，在现今社会当中，越来越多的人似乎将"忠诚"和"傻瓜"当成了近义词。越来越多的人也更加注重于眼前的利益，阿谀奉承，只知道看老板脸色过日子，行为懒惰或是攫取他人的成果据为己有；频繁地跳槽，看到哪里的薪资高，就投奔哪里，早已失去了工作的热情和工作的积极性。事实上，一个人只要付出了自己的努力，就会获得相应的回报。当你为他人加倍地付出自己的努力的时候，他也会相应地对你承受一份义务。当你真诚地对待公司的时候，公司也就会真诚地对待你。每一个人都是有感情的，当然也包括你的老板和上司。你为公司所做的一切，他们都会看在眼里，同时也记在心里。他们并不糊涂，他们明白自己的公司中最需要什么样类型的职员。对于那些才华横溢，实际上却并不靠谱的人，他们是绝对不敢重用的，因为如果重用对于公司来说可能会带来莫大的损失。每一个企业都希望能够聘用到一批忠诚度、认真度高的员工。事实上，现实生活中的人们大多都太过于现实，只看中眼前的利益，一味地强调"先得到后付出"的为人处世的准则，认为"先付出后回报"的观念已经过时了。我们经常可以听到这样的议论："老板给我多少工资，我就出多少力。"工资给得高，就多付出一些努力；与此相反的是，工资给得少，付出的努力就相应地少一些。可是，对于人们来说，"忠

伦理与人生——厚德载物的知识

诚"并不是只意味着从一而终，而是一种对工作的责任心，并不表示对公司或者是对某一个人的忠诚，而是一种对待工作的忠诚，是一种敢于承担责任或者是从事某种职业所体现出来的一种敬业的精神。忠诚会为你带来好名声，而好的名声就是人一生中最大的财富之一。对工作多一点的投入，就会减少人生中的一点遗憾。忠义之心能给人们带来自我满足、自我尊重的感觉，是一种每时每刻都会伴随我们的精神力量。忠诚的人们可以充分地把握和控制无形的自我，引导自身获得的荣誉、名声甚至是财富。与此相反的是，没有责任感和忠诚之心的人多半会将自己放纵到失败的悲惨境地。

忠义应当作为企业用人的一则不变的真理，它是人们应当永远保持的品格。忠诚是一条标准底线，有了这个基准，其他的问题也就迎刃而解了。因为忠诚，你就会对老板充满信心，就会对企业充满信心，就会对工作充满信心，在这个时候，你大可以充分地发挥出工作的积极性，工作也会不断地出成绩。比如，公司里面的员工人人都尽心尽力地工作，那么，这个公司就会不断地拓展和壮大起来。所以说，企业文化的建设应当注重建立一个积极、健康向上的工作氛围，大力倡导征用优秀的个人品质的人才，为自己和企业带来成功，鼓励员工树立良好的心态，用感恩的心态来面对工作和生活，不要凡是只看眼前的蝇头小利，要时常磨炼自己的意志，为个人今后的发展打下坚实的基础。

作为一名生活无忧的青少年来说，现代的物质生活越来越缤纷多彩。可是，中国几千年继承下来的优秀的传统美德，似乎在很多人的意识当中，已经被逐步淡化了。企业员工因为缺少忠诚度而频繁跳槽的行为，虽然直接伤害的是企业的利益，可是从深层次的角度来看，反而是对员工的伤害更加深。因为，不论是个人资源的积累，还是所形成的"这山望着那山高"的恶劣的习惯，都会让员工的价值有所下降。假如说，智慧和勤奋像金子一样弥足珍贵的话，那么，在这世上至少还有一种东西同样珍贵，那就是忠诚。在位于意大利中南部美丽的海滨城市安丘发生过一个令人十分感动的故事。

有一天，人们看到一只黑灰色的狗，脸上凝聚着似乎找不到回家之路的痛苦的神情，孤独而默默地走进了安丘公墓。它沿着墓园长长的路边悄无声息地向前走着，它在那里不断地走着，用鼻子到处嗅着。谁也不知道它在寻找着什么。当时有一位墓园的工作人员埃乔先生说："直到我们看到它卧在了一个新的坟墓前，发出凄惨的、低低的呜咽声的时候，我们才明白了这到底是怎么一回事。这是公墓新开辟的一块墓地，在新的坟墓前树立了一块小小的大理石墓碑。经过了长时间的寻找，这只黑灰色的狗终于找到了埋葬它主人的坟墓。它就静静地躺在那边，发出悲鸣的哀号声，似乎还流出了眼泪。于是，我们就知道了它为什么在此前会一直悲惨的呜咽。它在那里一动不动地待了好几个小时，直到天黑，才从那里一步一回头地、恋恋不舍地离开。等到它走了以后，公墓的大门才关上。"等到了第二天，那只黑灰色的狗又来到这座墓园，来寻找它心爱的主人。这一次，人们看到它毫不犹豫地径直朝着第一天发现的那个新坟墓走去。到了坟前，它用鼻子嗅了嗅地面，就躺在了那里，长时间地伤心呜咽，之后就静静地、一动不动地待上好几个小时。一个妇女走过来，给了它一碗水，它立即就喝光了，因为那时的它太渴了。女人抚摸着它，它对女人投去感激的目光。可是，当女人向它做出跟她走的手势时，它却果断地拒绝了。在那只狗来的第三天，人们知道了那个坟墓里埋葬的是一位退休的老人，而那个老人生前没有亲人。显然，这只狗就是他最后的、唯一的朋友。

一只狗尚且都能对自己的主人做到"义"，又是如此的忠诚、感人，更何况是充满智慧的当代的青年人。"义"字之情大于天，自古以来就有"桃园三结义"这样扣人心弦的兄弟情深，令人羡慕不已，这就是人与人之间的"小义"。在广义上来讲，"义"是对祖国、对人民的忠诚。

第三节　礼仪礼让是民德

赫尔岑曾说过："生活里最需要的是礼仪，它比最高的智慧，比一切学识都重要。"中华民族自古以来就有"礼仪之邦"的美誉，五千年来悠久的历史形成了中华民族的传统美德。中国一直都是一个温和大气，落落大方，见义勇为，谦恭礼让的文明礼仪之邦。华夏儿女在举手投足、一颦一笑之间，无不展现出气质与涵养。古人常说："不学礼，无以立。"它的意思是，你不学习"礼"，就无法在社会上立足。到底什么是礼仪呢？一般来说，礼仪就是严于律己、敬重他人的一种行为准则，是展现对他人尊敬和理解的表现和手段。文明礼仪，不仅仅是一个人在素质、教养方面的全面的展现，而且也是一个人在道德和社会公德方面的体现，更代表着城市的脸面，代表着国家的颜面。所以说，学习礼仪不仅可以加强个人素质，提升个人内涵，更是调解和改善人际关系的润滑剂。作为具有五千年文明历史的"礼仪之邦"，讲文明、学礼仪、树新风，也是中国弘扬民族文化、展现民族精神的重要途径。

随着社会的不断发展和进步，人们精神需求的品位和提升自我认知价值的需求也越来越高，所有人都希望获得理解、得到尊重。不可否认，在当今社会，礼仪已经不再是个别产业、个别社会层次的需求，而是全民的需求。我们作为合格的公民，在做任何事情的时候都要对得起中华民族"文明礼仪之邦"的称号。

程门立雪

"程门立雪"这个故事出自《宋史·杨时传》："见程颐于洛，时盖年四十矣。一日见颐，颐偶瞑坐，时与游酢侍立去。颐既觉，则门外雪深一尺矣。""程门立雪"叙述的是宋代学者杨时和游酢向程颢、程颐拜师求教的故事。杨时、游酢二人，最初以程颢为师，在程颢去世以后，他们都已经四十岁了，而且已考取了进士，可是，他们依然还要去找程颐继续求学。故事就发生在他们初次到嵩阳书院，登门拜谒程颐的那天。

据说，一日杨时、游酢，来到嵩阳书院拜见程颐，可是，刚好遇上程老先生坐着闭目养神。就在这个时候，外面开始飘起了雪花。这两个人因为求师心切，于是便恭恭敬敬地守候在一旁，一言不发。就这样等了大半天，程颐才慢慢地睁开了眼睛。看到杨时、游酢站在他的面前时，不由得吃了一惊，说道："啊，啊！你们两位还在这儿没走？"这个时候，门外的雪已经积了一尺多厚了，而杨时和游酢并没有一丝一毫的疲倦和抱怨的神情。

这个故事，讲述的就是"程门立雪"，在宋代读书人中间流传得很广泛。后来人们常常用"程门立雪"的成语来表示求学者尊敬师长和求学心诚、意坚。

孔融让梨

孔融，是东汉末年闻名遐迩的文学家，建安七子之一，他的文学造诣深受魏文帝曹丕的推崇。据史书记载，孔融小的时候不仅非常的聪慧，而且还是一个重视兄弟之礼、互助友爱的典范。

在孔融四岁的时候，常常和哥哥一块吃梨。每次，孔融总是拿其中一个最小的梨子。有一次，他的父亲看见了，便问道："你为什么总是拿小的而不拿大的呢？"孔融说："我是弟弟，年龄最小，应该吃小的，大的还是让给哥哥吃吧！"

孔融小小的年纪就已经懂得了兄弟姐妹之间谦恭礼让、相互帮助、团结友爱的道理，这让全家人都感到十分震惊。从此，孔融让梨的故事也就流传下来，成为团结友爱的典范。

列宁让路

　　有一次，列宁正要下楼，在楼梯窄小的过道上，正巧碰见了一个女工端着一盆水，正好要上楼。那名女工一看是列宁，连忙就要退回去给列宁让路。可是，列宁却劝阻了她，说道："不必这样，你端着东西已经走了半截，而我现在空手，还是请你先过去吧！"他把"请"字说得尤其响亮，也很亲切。之后自己才紧贴着墙壁，直到女工先上楼去了，他才下楼。

　　礼仪，作为在人类历史发展中逐渐形成并积淀下来的一种文化，始终依靠着某种精神的约束力掌控着每一个人的行为，是适应时代进步、提升个人发展和成功的重要的精神支柱。礼仪不仅可以有效地展示出一个人的教养、风度和魅力，而且还能展现出一个人对社会的认知水平、个人见识、自身修养和人生价值。礼仪是提高个人素质和形象的必要条件，是一个人为人处世的根本、是调解人际关系的润滑剂、是现代社会提高竞争力的附加值。"不学礼，无以立"已成为人们的共识。"内强个人素质，外塑单位形象"，正是对礼仪作用的最为精确的评价。

　　礼仪大致分为政务礼仪、商务礼仪、服务礼仪、社交礼仪、涉外礼仪等五大部分。具体表现为：着装礼仪、佩饰首饰礼仪、馈赠礼仪、仪容礼仪、举止礼仪、沟通礼仪、就餐礼仪、求职应聘礼仪、办公室礼仪……礼仪，其中的一个最主要的特征就是礼仪的对象化。换句话来说，就是在不同的场合，和不同的对象交往的过程中，对礼仪都有着不同的要求，可是，大都有一个亘古不变的规律。比如，对于饭店这种服务性的行业中的礼仪，基本的礼仪是相同的，而不同于其他行业的礼仪要求。可是，每个饭店的工作人员的情况都多有不同，所宣传的企业文化和理念也不尽相同，所以又有细致的区分。

古人有云："礼兴人和"。谦恭礼让，宽容大度，与人为善，注重形象，讲究礼仪。讲究礼仪，要遵守礼仪的规范，从而让个人的学识、自身的修养和人生的价值都能够彻底地得到社会的肯定和尊重。适度的、恰当的礼仪不仅能够给公众以温文尔雅、风度翩翩的形象，而且自己还可以在与公众的合作的过程中体会和谐与成功的优越感。

从个人修养的角度来看，礼仪可以说是一个人内在修养和素质的外在展现。从人际交往的角度来看，礼仪可以说是在人际交往中最贴合实际的一种艺术，一种交际的方法或者是交际的手段；是人际交往的过程中约定俗成的给予他人以尊重、友好的习惯做法。从传播的角度来看，礼仪是在人际交往的过程中进行的互相沟通的技巧。

青少年学习礼仪，首先要从学会尊重别人开始。礼仪本身就是尊重别人的一种外在的具体表现形式。"礼仪"从话里来，话从心中来，唯有发自肺腑地尊重他人，才会有得体的礼仪言行。尊重他人是人与人之间互相交往的必要条件和首要态度。刘备"三顾茅庐"的故事，就充分证明了唯有尊重他人，才能得到他人的尊重和信任，才能在事业上取得成功。周恩来同志一生为国家鞠躬尽瘁，为了党和人民的事业贡献了毕生的精力和心血，可是他在每一次外出考察工作中，在离开当地的时候，总是亲自和服务员、厨师、警卫员、医护人员等一一握手表示感谢。周总理是尊重他人的模范，也是值得青少年学习的榜样。

其次，学习礼仪，还要以提升自己的自尊心为基础。自尊，就是自我尊重，是希望能够得到别人的尊重、不向别人阿谀奉承，也绝不容许别人侮辱、歧视的一种心理态势，是人的自我意识的表现，而且以一种独特的方式指引着人们的行动，是一种积极的行为动机。正确的自尊心应该具有宽以待人、不骄不躁的品质。青少年在学会尊重他人的同时，自己也应该学会得到他人的尊重。当一个人的自尊心在得到提高的同时，其内心的道德需求也会随之逐步提升。所以说，培养青少年形成高尚的人格，就要逐渐养成自尊、自爱、自律的良好品德。礼仪教育可以作为一种动力和导向，在青少年学生的人格塑造上发挥着重要的作用。

最后，学习礼仪要注重实践，一个人的礼仪只能在言行中才能反映出来，不能说某一个人不善言辞就没有"礼仪"之心，每一个人都要在熟知礼仪要求的基础上，敢于在日常的言行之中、待人接物中展现出自己文明有礼的形象。一些学生平时也知道要讲文明、懂礼貌，但是在公共场合或者在遇到陌生人的时候，其"礼仪"规范就变成了他们无法自如发挥的约束，这也正是他们缺少自信的一种外在表现。要教育青少年从小就要树立自信心，懂得在应用适宜的礼仪言行的同时，还要顾及自我良好形象的建立，要敢于展现出一个有礼、自信、文明的自我，而且还要充分利用各种场合、机会去表现这一点。

礼仪的作用

礼仪是人们在日常生活和社会交往中约定俗成的规范，人们可以依据各种各样的礼仪规范，正确掌握和外界的交往尺度，正确处理好人与人之间的关系。假如没有这些礼仪规范，通常会让人们在交往的过程中感到措手不及，甚至会失礼于人，闹出笑话。所以熟悉和掌握礼仪，可以做到举一反三，能够恰到好处地待人接物。

礼仪是塑造形象的重要手段。在社会交往等一系列的活动中，交谈讲究礼仪，可以让你变得文明；举止讲究礼仪，可以让你变得高贵；穿着讲究礼仪，可以让你变得落落大方……所以说，只要讲究礼仪，事情都会做得恰到好处。概括说来，一个人讲究礼仪，就可以变得魅力四射。礼仪的关键并不在于你学到了多少社交的技能，而是在于你自身的品质是否能够赢得他人的尊重。

中国自古以来就是一个讲求礼仪的国家，礼仪在我国的社会政治文化生活中占据着尤为重要的地位。早在先秦时期，我们的先人就建立起了一套完善的礼仪规范。在社会的飞速发展和文明程度不断飞跃，以及和世界交流的日益频繁的今天，作为新时代的青年人，学会礼仪，注重礼仪，做事讲求礼仪，就显得特别重要。尤其是在当今这个竞争激烈的时代，要想在竞争总体中占有优势，就必须要无时无刻地保持着礼仪之心，才能在激烈的追逐中尽显魅力本色。

第四节　蕙质兰心是慧德

雪莱曾经说过："精明的人是精细考虑自己利益的人；智慧的人是精细考虑他人利益的人。"美德与智慧并存，是我们生存的智慧哲学，而且智慧展现出美德，美德包含着智慧。

在生活中，那些所谓的"智者"的言行规范，就是要抢先得到眼前的好处和利益。正是因为他们无时无刻都不择手段地"巧取豪夺"，才将我们的社会变成了一个越来越崇尚"竞争"的世界。

在美国波士顿"二战"的犹太人蒙难的纪念碑上，刻着德国新教牧师马丁·尼莫拉留下的铭文：在德国，起初他们追杀共产主义者，我没有出来说话—因为我不是共产主义者；接着他们追杀犹太人，我没有出来说话—因为我不是犹太人；此后他们追杀工会成员，我没有出来说话—因为我不是工会成员；后来他们追杀天主教徒，我没有出来说话—因为我是新教教徒；最后他们奔我而来，那时却再也没有人能够站出来为我说话了。

这是从血与泪的经验教训中总结出的箴言。孟子曾说过："得道者多助，失道者寡助。寡助之至，亲戚畔之；多助之至，天下顺之。"利己主义者的智慧实际上是一种小聪明，即使可以收获暂时的利益，可是，这种利益总会有一种"害"在里面如影随形。即使占取了别人的便宜，固然可以得到一时得意的快感，但是当被千夫所指的时候，他的得意之情也就不复存在了。前乐而后苦、开始得意而日后技穷的智慧，无论何时也不能说是一种绝妙的智慧。

少孺子巧劝吴王

少孺子是春秋时期的吴国人。在春秋末年的时候，吴王阖闾任用大军事家孙武为上将，进行扩展地盘的战争。他的第一个攻击目标就是都城在郢（今湖北江陵）的近邻楚国。赢得了几次胜利，尤其是攻破楚国的郢都之后，吴王的好战之心就越烧越旺，他已经到了很难再听取大臣们劝谏的地步了。

吴王决定再向楚国发动一次大规模的进攻，并在朝会上宣布："谁劝我不要出兵，我就处死谁！"大臣们都因害怕吴王的残暴，而没有人敢再上前进谏。可是，他们都预感到此次的进军，吴王肯定不会那么顺利。即使楚国现在在走下坡路，可是国土广大，物产富饶，实力依然很是雄厚；加上它又实行联合越国抗吴的策略，假如越国攻打吴国的后方，吴国必然会陷入腹背受敌的危险境地。

少孺子的父亲当时还是吴王的门客。他明知道吴王即将陷入险境，可是自己却不敢上前劝谏，带着一脸的哀愁回到了家中。

正巧，刚从外面玩耍的少孺子，一进家门，就看到父亲闷闷不乐的模样，就知道朝廷上一定发生了什么大事。他悄无声息地走到父亲的身旁，轻声地问："父亲，出了什么事？"

少孺子的父亲抬起头，长叹了一声说："孩子，你还小呢，就不要问了。"说着，便流下了眼泪。

少孺子突然跪在父亲的膝边，十分坚定地说："孩儿即使不孝，也望父亲把实情告诉孩儿，孩儿愿替父亲分忧。"

"孩子，为父现在实在为难哪！"他将少孺子的双手握在手中，把事情的过程叙述了出来。一边说，还一边忍不住地叹气。

"父亲，这有何难？您看孩儿的好了。"

少孺子突然站起身来，便朝门外走去。父亲先是一愣，马上喊道："孩子，你干什么去呀，快给我回来。"当他追到大门口的时候，少孺子的身影早就消失在夜色中了。

少孺子很晚才到回家。回来的时候，手里还拿着一只木制的弹弓。父亲赶紧迎上前去，关切地问："孩子，你干什么去了？"少孺子挥了挥手中的弹弓，又拍拍衣服的口袋说："我去做了一只弹弓，又捡了些弹子。"父亲勉强地笑了笑，拍拍儿子的头，"快去吃饭吧！"

这一夜，父亲怎么也睡不着。但可是作为一名忠诚的门客，又怎么能对国事无动于衷呢？但是，自己毕竟人微言轻，现在的吴王偏偏又固执己见，怎么才能让他醒悟呢？

第二天早上，父亲上朝去了。少孺子匆匆忙忙地吃过饭后，也和父亲一前一后地出了家门。吴王早朝回宫的时候，到王宫后园的时候，就看见一个孩子手拿弹弓，在园中的草丛里跑来跑去，衣服全被露水打湿了，还浑然不觉。吴王只是笑了笑，没有理会他。

接连三天，吴王早朝回后宫，总是看到这个手拿弹弓的孩子在草丛间乱跑。他见这个孩子，即便浑身湿透，一脸泥水，可是仍旧是掩饰不住他的天真无邪，甚是可爱。于是吴王驻足停下，向孩子招了招手，大声问道："你在干什么呢？"

"禀报大王，我在观察鸟的活动。"说着，少孺子就走到了吴王的面前。

吴王见小孩儿的回答镇定自若，就放低声音说："果真那么有意思？看你的衣服都被露水打湿了。"

"大王，园里的那棵树上有只蝉。蝉贴在高枝上不停地鸣叫，心满意足地喝着露水，可是它却不知道螳螂就在它的身后。螳螂紧缩着身子，弯起前肢，一心一意地想要捕捉到这只蝉，可是它却不知道黄雀就在它的旁边。黄雀伸长了脖子想要吃掉螳螂，可是它却不知道我正在树下拿着弹弓瞄准着它。它们三者之间都是因为贪图眼前的利益，而忽略了身后的祸患。您看这不是挺有意思的吗？"

吴王听完，幡然醒悟地说："你说得好啊！"于是他又返回朝中，宣布放弃了进攻楚国的计划。

大臣们看见吴王突然宣布取消计划，都感到如释重负，同时也感到莫名其妙。后来，他们才听说是一个孩子的一段话起了作用，于是就开始对这个孩子另眼相看了，而少孺子的名字从这时起也就流传开了。

少孺子只是一位少年，可是，他却能以"螳螂捕蝉，黄雀在后"的道理，劝服固执己见的吴王，让吴王醒悟：一心想获得眼前的利益，而不顾身后的隐患是非常危险的。于是，吴王取消了攻打楚国的计划。少孺子之所以能够做到百官做不到的事情，这就说明了他过人的才智是他人所不及的。所以，青少年要学会思考，在生活的点滴中不断地培养自己的智慧。

智慧构建美德

第一，美德是对利己欲望的一种超越。

在有德之人看来，有损美德的利益不是一种利，反而是一种损害。正如孔子所说的："不义而富且贵，于我如浮云。"避开了不符合道义的利益，也就相当于避开了它所能带来的损害。爱好美德的人，善于克制自己，能够做到上不愧于天，下不怍于人，内心透明坦荡，安宁舒畅。能让自己坦然地度过幸福一生的，莫过于美德。而注重美德的人，才是真正拥有智慧的人。

第二，美德是对人际关系对立的一种超越。

拥有美德的人尊道而贵德，遇到事情，先问是否符合道义，而不以一己之私对待人和事。具备美德的人讲仁讲义，乐善好施，乐于成人之美，这有助于消除人与人之间的冷漠和对立的隔膜，增进人与人之间的和谐与合作。

第三，美德是立于不败之地的精神支柱。

拥有美德的人，是在爱人中爱己，在利人中利己，在让众人收获快乐的同时也让自己收获快乐。因为凡事以德为先，所以才能够真正做到以德服人，而不凭借威势武力；因为爱人利人，所以才能把自己与大众连为一体。所以，孟子才说"仁者无敌"。

第四，美德是可以惠及整个社会和子孙万代的精神财富。

孔子曾提出"惠而不费"的君子智慧。在他看来，"因民所利而利之"的德政是利人利己的。如果我们能将孔子的思想发扬

伦理与人生——厚德载物的知识

下去，让美德成为每一个人的行为准则，社会将变得更加美好。做父母的有慈祥的美德，天下的孩子就都幸福了；做子女的有孝心的美德，天下的老人就都幸福了。同样的道理，每个社会位置上的人都具有美德，那么天下就会是一个大道盛行、人人都幸福的世界。如果我们这一代人都能够讲求美德，那么下一代人就会在潜移默化中，变得崇尚正义和美德。如此良性循环下去，不良少年的问题也就不复存在了。美德泽后长远，如果真想让社会变得更加美好，那就将美德看成永恒的智慧来追求吧！

一个和谐幸福的美满人生，其背后一定承载着高度成熟的心灵和智慧，而心灵智慧的背后，也一定隐藏着澄澈隽永的美德。科学发展与和谐社会已经成为我国新一轮的文明化生产方式并开始崭露头角，可是，它能否转变成为生机勃勃的朝阳，则完全取决于它是否能够建立起善于化解利益矛盾冲突、构建起和谐的人际关系、促进共同发展的新型文化智慧，特别是为这种智慧崛起而积累的无尽宝藏—美德修养的启动。因为，美德是智慧之母。

第五节　诚信天下是大德

古人有云："诚信于君为忠，诚信于父为孝，诚信于友为义，诚信于民为仁。"诚信、守信是我们取信于人的根本，也是我们为人处世的基本规范。诚信渗入到我们生活的方方面面，而且影响着人的一生。诚信是一种美德，诚信的道德观念和思想源远流长，自古以来就为中华民族所注重。

诚实守信是一个人的立身做人之根本。诚信是一种道德情操，是一种伦理规范，是人们道德修养的一个重要的内容，是立身做人的根本。一个人的诚信观的建立，是基于一定世界观、人生观、价值观基础上的，是由感情和思想结合起来的一种稳定的心理状态和精神状态，它从各个方面深刻地影响着一个人的人生道路。

诚信是为人处世的"方向盘"

每个人都生活在社会中，人与人之间的关系就是发生交往和联系的经过。俗话说"一个篱笆三个桩，一个好汉三个帮"，任何一个人都离不开他人的关心和帮助，而要获得他人真诚的帮助，首先自己就要取信于人。孔子曾说过："与朋友交，言而有信。""言忠信，行笃敬，虽蛮貊之邦行矣；言不忠信，行不笃敬，虽州里，行乎哉？"他的意思是说，一个人说话要有信服力，行为要诚恳，哪怕是在遥远陌生的地方也能和谐地与人相处；与此相反的是，不讲信用的人，即便是在自己所熟知的家乡，也会时常处处碰壁，举步维艰。杨泉在《物理论》说："以信接人，天下信之；不以信接人，妻子疑之。"他的意思是说，一个人要以诚信对待他人，那么天下人就会因此信服于他；与此相反的是，如果没有诚信，即使是他最熟悉亲密的人，也会不相信他。

"诚为至宝一生用不尽，信作良田百世耕有余。"诚信作为立身处世的行为规范，同时也是一种宝贵的个人资源。坚持说老实话，做老实事，以诚立身，以诚待人，不要因为各种利害关系而弄虚作假，不信守承诺，自然就能够得到越来越多的人的信服和依靠，同时也能够帮助自己战胜前进道路上所遇到的困难。而那些缺失诚信的、阴险狡诈、巧言令色之人总是让人望而生畏，让人心存顾忌。这样的人只会招致他人的轻视和戒备，甚至还会赔上了性命。我国古代就有很多不讲诚实守信而自食恶果的例子。周幽王烽火戏诸侯的故事，就很有代表性。

西周建都丰镐，离戎人很近。周天子和诸侯相约，要是戎人来侵犯就点燃烽火示警，诸侯们便前来相救。周幽王的爱妃褒姒不爱笑，唯独看到烽火燃起，诸侯的军队慌慌张张地从四面八方赶来的时候会大笑不止。而昏庸的周幽王为了博取褒姒一笑，经常无故地燃起烽火，诸侯的军队也多次赶到而不见戎人。最后戎人真的来了，可是再燃烽火的时候，诸侯的军队却迟迟不来了。周幽王置国家大事于不顾，把以"诚信"为标志的"烽火"视作儿戏，最终因为"失信"于各路诸侯，被杀于骊山之下，沦落个国破家亡、身败名裂的下场。

诚信是身心健康的"保护神"

健康的含义主要有两个方面：一是身体的健康，就是指身体的体质良好，其标志就是能保持身体内部的生理状态的平衡、躯体与外部环境的平衡；二是心理的健康，指的是心理状态良好，其标志就是能够保持心理与生理的平衡、心理与环境的平衡。实际上，心理的健康比躯体的健康更为重要。医学上有大量的病例说明，心理上的疾病往往会导致身体健康状况的下降，甚至还会导致各种疾病的发生。"君子坦荡荡，小人长戚戚"，诚实守信会让我们内心坦然，能够陶冶情操，净化心灵，转移忧、怒、思、悲、气，增强精神的免疫力，提高身心的健康水平。与此相反的是，说谎、虚假、欺骗，都会折磨人的良心，让人的心情时刻在一种抑郁灰暗、忐忑不安、时刻紧张的状态中，这种自我折磨的情绪必然会增加心理上的负担，导致心态失衡，甚至是精神的崩溃。

诚信是事业成功的"奠基石"

事业是实现人生价值的宽广的舞台，成功也是展现人生精彩的绚丽之花。纵观古今中外的成功人士，在对事业的不断追寻中，无不推崇"诚信"的理念。在全世界拥有 2.9 亿铁杆影迷，将手印留在好莱坞星光大道上的演员成龙，年轻的时候在香港影视界做"臭武行"。历经几年之后，他开始担任主角，当有人请他出演另一本剧本的主角，而且还愿意替他赔偿 10 万元的违约金，并给他一张 100 万元的支票的时候，成龙却委婉地拒绝了："不能因为 100 万就失信于人，大丈夫要一诺千金。"公司得知后特别感动，并主动买下了这个剧本，让他自导自演。就这样，成龙凭借电影《笑拳怪招》刷新了当年的票房纪录。

有这样一则寓言故事：有一位国王没有子女，想从全国的小孩中选择一个做王位的继承人。于是，他颁布了一道非常奇特的命令，发给全国每个小孩子一粒种子，在半年过后，这些小孩都带着所发种子种出的花来参加竞选，谁的花最美谁就有可能继承王位。当那天来临的时候，全国的小孩们都捧着最美的鲜花来见国王，唯独有一个孩子捧着装满土却什么也没有长的花盆，他泪流满面地夹在那些兴高采烈的孩子中间。没想到国王面对一盆盆漂亮的花总是摇头叹息，直到看到那个只有土的花盆的时候才展颜欢笑。最后，那个孩子继承了王位，原来国王发下去的种子都是早就被煮过的。

所以说，我们在做每一件事情的时候，都应该保持一颗诚实守信的心去面对。当然，我们或许也经常看到身边和社会上的一些人凭借着弄虚作假也"办成"了"事"，那或许是一时的风光，即使是骗到了一官半职，赚取了不义之财，用买来的假文凭谋到了好差事，可是，最终都沦落到人财两空的境地。但利用诸如此类手段侥幸"成功"于一时的人，将生活在良心的责难和唯恐事实被揭穿的恐惧中，到头来，所有的一切都变成了昙花一现，成为"泡沫"型的成功。

诚信是一种美德，它可以让灵魂变得崇高，让人的思想变得高尚。在日常生活中，要想成为一个受人尊敬，受人爱戴的人，就一定要讲求诚信，用一颗博大的爱心和责任心，让诚信如影相随，这样成功才会紧随其后。尤其是对于青少年朋友而言，拥有诚信的美德，就可以说同时拥有了成功的一半。诚信是一种美德，是洗涤心灵的一剂良方。任何的虚伪与欺骗，都逃脱不过诚信的眼睛，都会被诚实守信所打败。

韩信守信

汉朝的开国功臣韩信，小的时候家里非常的贫穷，经常衣食无着，他跟着哥哥嫂嫂住在一起，靠吃剩饭剩菜过日子。小韩信白天帮哥哥干活，晚上就刻苦读书，刻薄的嫂嫂还非常讨厌他读书，认为读书耗费了灯油，又没有用处。于是韩信只好离家出走，过着衣不蔽体，食不果腹的日子。当时，有一位为别人当佣人的老婆婆很同情他，并支持他读书，还每天给他饭吃。面对老婆婆的一片善心，韩信特别感动，他对老人说："我长大了一定要报答你。"老婆婆笑着说："等你长大后我就入土了。"后来韩信成为著名的军事家，被刘邦封为楚王，可是他仍然惦记着这位曾经给予他帮助的老人。于是，他找到了这位老人，把老人接到了自己的宫殿里，像对待自己的母亲一样对待她。

在生活中，我们需要诚信，我们召唤诚信。在我们的眼中，诚信是美丽的，是人性中最闪耀的美德，它能给世界带来温暖的阳光；诚信是细微的，它只需要占据心灵中一个狭小的角落，就会温暖人的一生；诚信是脆弱的，只要一场狂风骤雨，一个不经意的欲念，就足以让它香消玉殒。当我们面对历史和社会的时候；面对着他人和生活的时候；当"路不拾遗、夜不闭户"已成为美好的幻想的时候；当物欲横流的今天，道德教育日见苍白、诚信不复存在的时候，我们对于诚信的培养又是何其的脆弱。

诚实守信是中华民族的传统美德。古人有云："一言既出，驷马难追；言而有信，一诺千金。"这也正是今天诚信的一种具体表现。诚实守信，事实上是展现了一个人的良好品德与素质，也是作为人的一种基本的展现。讲究诚信既是中华民族的传统美德，也是孔子道德思想的一个重要的内容。在进一步解放思想、深化改革和发展市场经济、建造和谐社会的当今时代，我们继承和发展了孔子的诚信思想，这对于维护市场经济的正常运行、推动人际社会关系的和谐发展，仍然具有非常重要的现实意义。

第 **2** 章

美好心灵的凝聚点——修身正心的明德伦理

　　"修身"就是修正自身，让自己具备足够的美德和才华。坚持注重修身，可以形成良好的行为习惯，养成良好的性情，从而成就属于自己的非凡人生。修身，就是要追寻一份宁静。所谓的修身，就是在修正人心的。修身，即正心修身，正心的最高境界大概就是"好而知其恶，恶而知其美"，它的意思是说喜欢一个人的同时，能够认识到他的缺陷；厌恶一个人的同时，又能了解到他的优点。

第一节　修身要义是净化心灵

"修身"就是修正自身，让自己具备足够的美德和才华。坚持修身，可以形成良好的行为习惯，养成良好的性情，从而成就属于自己的非凡人生。修身，就是要追寻一份宁静。诸葛亮曾在《诫子书》中说："夫君子之行，静以修身，俭以养德，非淡泊无以明志，非宁静无以致远"。修身，即正心修身，正心的最高境界大概就是"好而知其恶，恶而知其美"，它的意思是说喜欢一个人的同时，能够认识到他的缺陷；厌恶一个人的同时，又能了解到他的优点。

修身养性六道

第一，要懂得感恩。

每一次别人为你付出，你都应该知恩图报，不论什么时候都不能忘记别人对你的帮助，甚至包括你发脾气的时候。我们经常在和父母吵完架气完全消了后，才会想起对方的好；经常在与恋人分离后，才会想起对方的好；经常在斯人已逝的时候，才会想起对方的好。可是，有些事情已经无可挽回。为何不在做出决定的时候想想别人为你付出了什么？人，通常很容易被感动，却没想过要时时刻刻都怀揣着一颗感恩的心。

第二，要有高远的志向。

碰到你认为很难处理的事情，不要在意，不要焦虑。当你的眼睛望着远方的时候，你就不会去看脚下的几颗绊脚石；当你被天边美丽的彩虹吸引的时候，你就不会去注视身边树叶上的那片碍眼的蜘蛛网。

第三，要有一颗善良的心。

当你遭遇不公的时候，试想一下这个世界上还有许多人正在受苦，他们与你一样，都只是沧海里的一粟。当你怀揣同情的时候，你的心就不会只装着自己的苦难了。

第四，要学会坦然。

要承认自己的身边确实有超越自己的人，确信别人有你一生都无法超越的天赋。既然承认了这种客观事实的存在，那么自然而然就懂得了坦然接受。不要认为"没有人能比得上我"，与此相反的是要承认你的身边还有许多人具备你没有的优势，或是具备和你一样多的优势，这都是很正常的现象。没有什么大不了的，自卑或是妒忌会耗费你大量的时间和精力，静下心来不断完善自己才是正事。

第五，让自己能够控制自己。

每个人都试图想要掌控别人，很想让别人按照自己的意思来办事情，反而对待自己却很容易放纵、任性。长久的放纵自我，容易导致动物的本性越来越突显，如果你没有这样的危机感，那么就不可能想到要自我控制。自控能力实际上很容易锻炼，当你在做一件你认为非常有意思的事情的时候，倘若停止做这件事，除了会让你有非常不愉快的感觉以外，并没有任何损失的话，那么就强迫自己立刻停止，不要去做。

第六，让自己静心。

看书，是最能静心的方法，书能让你平静下心来充实自己。可是，仅局限于看有思想的书。当然，其他静心的办法也有许多，无论是练习瑜伽、打太极，还是读书、看报，或者是欣赏音乐、绘画，都必须要以对自己灵魂的磨砺为前提，如果是为了赶潮流或者是虚荣，都只能是收获其皮毛，就好比一束塑料的花朵，即便外表光鲜美丽，可是内在却没有丝毫的生命力。

修德行之能，修出宽大的胸怀，练就精湛的沟通能力和技巧，培养高超的分析和解决问题的能力。在"行"的方面要做到坚持不懈，持之以恒，言出必行，在做事方面一定要细心、认真、绝不轻信，必须踏实。今日之事今日毕，绝不拖延到明天，学会合理地规划时间，安排当日或者是近期及未来的任务，做事一定要做到心中有数，细心思考而不优柔寡断。

以身作则

许衡是元朝人。有一年的夏天，他经过河阳，在路旁有很多水梨，大家都伸手去摘水梨，唯独许衡一个人在树下坐着。

有人问："你怎么不摘来吃呢？"

许衡答道："这些水梨不是我的，所以不能摘。"

那人说："现在是兵荒马乱的年代，这水梨没有主人了！

许衡回答："梨树没有主人，我的心怎能没有主人呢！"

无论丧葬或是嫁娶，许衡都一定会依照礼法。乡人深受其感化，甚至小孩子走路，有水果成熟掉落地面，也不会转头看它一眼。

皇上想请许衡出来担当宰相一职，许衡以自己身体有病而加以推辞。

他逝世后，四面八方的学子都聚在一起哭涕，甚至还

伦理与人生——厚德载物的知识

有远从千里外而来祭拜或者哭墓的。皇上赐他谥号"文正"。

俗语说水往低处流，人往高处走，凡事都是顺应地势而为，人亦是如此。行高者，名自高。德高的人，名不求自随之，而小人的行径，一定被世人所唾弃，这就是所谓"德厚者流光，德薄者流卑"。所以，求学当求德。修身是为了让自己变得富有智慧，是为了为人处事，凡事都会有个标准，有个规范，不以己之意去判断他人的错误，是非评断也不是三言两语可以辩解清楚的。要学会设身处地，也就是学会换位思考，你非你，我非我，才能明白君即君，吾亦吾。基辛格曾说过："你掌握我所掌握的信息，也会做出和我一样的判断。"闭塞自己，不会虚怀若谷，只会自绝自己的退路。寻一参照物，才能知进退；设定一个衡量的标准，才会知道不足，修身养德说的就是这个意思。

两袖清风的于谦

明朝名臣于谦为官清廉。有一次，朝廷派他巡视河南。在返京的时候，同行的官僚们都从本地百姓那里搜刮当地的绢帕、蘑菇、线香等土特产献给皇上和朝中权贵，唯独于谦没有这样做。同时还写了一首诗表明心迹：绢帕蘑菇与线香，本资民用反为殃。清风两袖朝天去，免得闾阎（指百姓）话短长。"

"千锤万凿出深山，烈火焚烧若等闲。粉身碎骨浑不怕，要留清白在人间。"于谦这首《石灰吟》诗中充满了刚烈之气。于谦自幼聪颖，读书通常都过目成诵，仰慕古代正气凛然的仁人志士。为了国家和民族的兴旺昌盛，他心甘情愿"得罪"这些朝廷的权贵。在国难当头的危机情况下，于谦并没有选择临难退缩、明哲保身，反而坚定地站出来，誓死捍卫明朝的统治。他的所作所为并不是为了自己的一己私欲，而是为了国家和民族的利益。只要是国家和民族的需要，哪怕是"粉身碎骨"，也在所不辞。正气凛然、忠心赤胆的于谦的一生即便是以悲剧告终，可是于谦"甘洒热血写春秋"的爱国爱民的情怀，却给后世树立了一个榜样和丰碑，为我们塑造了一个伟大的民族之魂。

淡泊可以明志，时刻维持着淡泊清静的心态，可以让神安体健，这是老子告诫我们的修身养性的要义。

"正心"体现出来的实质就是一个人的品格问题，"修身"所表现出来的实质是一个人的才能、水平问题。二者共同组成了一个人自身的社会客观存在，是一个人的内在修为问题，对于我们每一个人来说，首先最为重要的还是要修炼好自己，宽以待人，仁慈有爱，通过自己的努力，让我们的家庭生活和工作环境更加和谐，这样才会有快乐美好的生活。

第二节　奉公守法是克己慎独

《旧唐书·魏徵传》有云：以铜为镜，可以正衣冠；以古为镜，可以知兴衰；以史为镜，可以知兴替；以人为镜，可以明得失。《中庸》上说过："君子戒慎乎其所不睹，恐惧乎其所不闻。莫见乎隐，莫显乎微。故君子慎其独也。"三国时期的刘备也曾说过："勿以恶小而为之，勿以善小而不为。"在充满欲望的大千世界之中，一个人要想做到"慎独"，成为内心坦荡的君子，就需要拥有强大的自控力。

在社会主义经济建设发展的重要阶段，少数干部因为懈怠了自己的思想修养，忘记了工作的本质，忘记了自己手中的权力是人民赋予的，法制观念逐渐淡化，在膨胀的个人欲望驱使下，在权力关、金钱关面前丧失了原则，以至于弃多年的做事原则于不顾，利用职务之便做出违反为人民服务的原则和宗旨的事情，最终落得个身败名裂的下场。

赵奢不畏权贵

赵奢原本只是一名征收田赋的下层官员，却是一个办事公平严格的人。有一次，相国平原君家的人不缴纳租税，赵奢就杀了平、原君家的九个管事的人。平原君知道了以后非常生气，下令要杀了他。赵奢不但一点都不惧怕，反而还义正词严对他说："虽然您在赵国权势非常显赫，但是您的管家拒绝缴纳赋税，这样做会损伤到国家的法律，而且还会严重影响到国家的威慑力。要是大家都这样做，赵国就会慢慢地没落下去，早晚会被其他的国家消灭。以您现在这样尊贵的地位，如果能够带头遵守法令，那么赵国就会逐渐强大起来，您也会更加受到大家的尊重。"平原君觉得赵奢说得很对，不仅没有杀他，而且还将他推荐给赵王，让他担任更重要的官职。

杨震暮夜却金

大将军邓骘听说杨震贤明，就派人征召他，举荐他为秀才，多次升迁，官至荆州刺史、东莱太守。在赴郡途中，杨震经过昌邑，他从前举荐的荆州秀才王密正担任昌邑县令，前来拜见杨震。到了夜里，王密怀揣着十两银子来送给杨震。杨震说："我了解你，你不了解我，为什么呢？"王密说："夜里没有人会知道。"杨震说："上天知道，神明知道，我知道，你知道。怎么说没有人知道呢！"于是，王密拿着银子羞愧地走开了。

第一，防微杜渐，把住廉洁自律这扇门。

一个企业的制度不健全，必然会导致管理层次的混乱，特别容易滋生不正之风甚至是腐败现象。我们要严防自由权限过大，就要加强企业内部各项规章制度的建设，强化企业内部的风险投资，谨慎避免制度的漏洞所导致的利益失衡。要掌握住风险的管理、内部的监控，要求在日常管理和业务办理等规定严密的经营管理制度和严格要求的业务流程。同时，还要不断地探索建立更加完善的决策权、执行权、监督权，也就是既相互制约又相互协调的权力结构，形成结构合理、科学分配、程序严密、制约有效的权力运行机制，最终把防治腐败的要求落实到权力结构、运行机制和制度建设的各个环节之中，最大程度地减少以权谋私的机会。

第二，奉公守法，严防违法犯罪这个潭。

观念决定理念，理念决定意识。切实地转变学法、用法的理念，提高学法用法的法律意识尤为重要。作为一名企业的管理人员，首先要将学法、懂法、守法放在第一位，做到熟练掌握的程度。其次，是要严格守法。显而易见，一切法律的存在都是为了维护国家的权威。领导干部是国家法律的重要执行者，学法是为了更好地懂法、守法和执法，唯有认真地守法，才能真正做到公正执法。许多悲剧的发生都是因为法制意识淡薄，忽略了守法律己的警戒，逾越了法律法规的防线，最终走上了违法犯罪的道路。所以说，要充分地认识到学法用法的重要性，切实做到加强自觉守法、用法、懂法、守法的责任感和自觉性，以高度自觉性和强烈的责任心来正确地对待学法用法的规则，要坚持不懈、循序渐进，不断地更新并完善学法用法的法规制度，建立健全学法用法的新机制，做到防微杜渐。

第三，慎思笃行，紧锁滥用权力这道关。

领导干部一定要树立牢固的、正确的权力观，不断地控制自己的用权行为，做到为企业、为员工掌好权、用好权。要充分地了解到自己手中的权力是国家和人民赋予的，只能用来为国家创造价值，为企业服务，为员工谋取利益；要充分地认识到权力是一把"双刃剑"，权为民所有，为员工争取利益，为企业谋取发展，这样做就会有利于国家、有利于企业；要充分地了解到权力是一种责任，更是一种义务、一种约束、一种奉献、一种服务，绝对不能以权力之便为自己谋取非法的收入。与此同时，也要提高守法的执行力，还要从源头上预防和治理腐败。部门的一把手人员要从企业生存发展的角度，清醒地认识到规章制度的重要性，身体力行，起到执行规章制度的带头人作用，做奉公守法的带头人，树立良好的典范作用。尤其要严格地遵守廉洁自律的有关规定，经受得起考验，克制住欲望，挡得住诱惑。要时刻保持与时俱进，解放思想，开拓创新，勤政高效，为美好的明天争创更好的业绩。

前车之鉴，后事之师，一个个惨痛的故事提醒着我们，一定要珍惜自己的人格形象和自由，珍惜自己的工作、家庭的幸福、企业和国家的信任，千万不要重蹈覆辙。

慎独是一种人生境界，慎独是一种人生修为，一种高尚的精神境界，同时也是一种自我挑战和监督。比如柳下惠的坐怀不乱；曾参守节辞赐；萧何慎独成大事；东汉杨震的"四知"箴言，"天知、地知、你知、我知"慎独拒礼；三国时期刘备的"勿以恶小而为之，勿以善小而不为"；范仲淹食粥心安；宋人袁采"处世当无愧于心"；李幼廉不为美色金钱所动；元代许衡不食无主之梨，"梨虽无主，我心有主"；清代林则徐的"海纳百川，有容乃大；壁立千仞，无欲则刚"；叶存仁"不畏人知畏己知"；曾国藩的"日课四条"：慎独、主敬、求仁、习劳，其所谓慎独则心泰，主敬则身强。以上的种种，无一不是慎独自律、谨小慎微、道德完善的体现。

实际上，慎独就像是读书一般，亦有三重境界。

其一，居不妄想，行不妄做，心不妄动，思不妄发。简而言之，就是一个人在独处的时候，也可以如同在众目睽睽之下一般，每时每刻都用道德规范来约束自己的行为举止。而这种发自肺腑的心灵的力量，也正是人之所以可以凌驾于牲畜之上的原因之一，这就是慎独的力量。而现在那些掌握重权的人，自以为会没有人察觉，疯狂地聚货敛财，纵情于声色，沉迷于物质就是因为缺少了慎独的力量。

其二，吾日三省吾身。一个人在独处的时候，要时常反思自己的得失之处，做到"仰不愧天，俯不怍人"，不断提高自身的修养和道德境界，在众人的面前做到更好。美国哈佛大学教授在

伦理与人生——厚德载物的知识

提到人的七种智商时把"自省能力"放在了最高的位置，而现代著名的马斯洛理论中所阐述的人的五个追求中的制高点也是自我反省后的自我实践。圣贤先哲们所塑造的浩然之气，无不来自于慎独时候的自省。"兰生幽谷，不为莫服而不劳；舟行江海，不为莫乘而不浮；君子行义，不为莫知而止休。"这几句诗词描写的就是那些终日独居于华山之巅的道家隐士们，他们可以在鸟儿都飞不上的山顶过着"以天为盖以地为庐"的平淡生活，面对那些突兀的绝顶和晦涩的暗云，他们正是因为有了在慎独的思想中日渐充实和丰盈的心灵，才可以像空谷的幽兰一般超凡脱俗，不染尘垢。

其三，从心所欲不逾矩。当心灵的境界达到了一定的高度，世俗间的滚滚红尘便会汹涌地退去。芸芸众生，在喜、怒、哀、乐中再也没有什么可以动摇慎独的灵魂，这就是所谓的"独"。举头之天有神明，而这神明就是自己的内心，在自己心灵的监控下，胸怀乾坤，情系苍生，一举一动都焕发着博爱的光辉，这就是所谓的"慎"。庄子就是一个具备慎独情操的人。当高官厚禄摆在眼前的时候，他无动于衷，他独自享受着世界的快乐与逍遥，击节而歌，沐风而舞，凡事都遵从自己内心的力量，享受着蝴蝶一般飞翔的自由。而我们敬爱的周总理，从革命初期到"文革"十年之间，还是始终坚持着少年时"为中国之崛起而读书"的理想抱负，无论周遭发生了怎样翻天覆地的变化，都没有改变他做事严谨、防微杜渐的思想行为。

自有孟相传心法，一则曰："慎独"。再则曰："慎独"。唯有慎独，才可以真正地做到"诚无垢，思无辱"；唯有慎独，才可以做到"处世当无愧于心"；唯有慎独，才可以做到"天下事可运于掌"。滚滚长江东逝水，天合八荒，多少浮生欢爱早已渺无踪迹，唯有亘古不变的慎独的力量，才能够传承千秋万代，代代弘扬。

第三节　荣辱不惊是成功梁柱

歌德在《少年维特之烦恼》中说："心灵平静是个宝贝儿。"人一定要学会适应平静的生活，在浮躁的生活中保持一颗宁静的心。遇事泰然处之，荣辱不惊。无论是在春风得意时，还是在失意孤独时，都要快乐地生活，不被世事所打扰，以求得物我两忘的思想境界。我们和成功之间的距离并不算遥远，许多非凡的成就都只不过是通过简单坚持而得来的结果，关键是还要坚守住自己的内心世界。

"诺曼底"号遇难

1870 年 3 月 17 日的晚上，一艘装有螺旋推进器的大轮船—"玛丽"号快速驶来，不料撞上了来不及躲开的"诺曼底"号，"诺曼底"号的船长哈尔威开始了紧急的疏散工作。

就在那一刹那间，男女老少全都跑了出来，他们奔跑着，尖叫着，哭泣着，惊险万分，场面一片混乱。唯一没有手足无措的人就是哈尔威，他用镇定的心、理智的头脑把船上的六十个人都疏散到了救生艇上面，而他自己却依然屹立在舰桥上。

他一个手势也没有做，一句话也没有说，就像铁柱一般，纹丝不动，随着轮船一起永远地沉入了深渊。人们透过阴惨惨的薄雾，凝视着这尊黑色的雕像，徐徐地沉入了大海。

哈尔威船长在灾难面前，泰然自若，临危不惧，宁愿舍弃自己的生命，而将所有生还的希望留给了别人，他这种高尚的品格值得我们去学习，去珍惜。哈尔威船长的献身精神，人格力量，将永远谨记在人们的心中，永不磨灭，他是人们学习的榜样。

外界躁动不安，自己的内心就需要时刻保持淡定，只有这样，平静的人生才可以达到从此岸到彼岸的修为。大诗人苏东坡就为自己谱写了精彩而平静的一生，宦海沉浮是他一生政治生涯的真实缩影，即使是在他人生的最低谷，他依旧在为自己恣意书写着人生；即使自己的远大抱负不能实现，他仍旧是平静地接受，淡然地处之，被贬到湖北仍旧可以保持心态平和地泛舟赤壁，击石吟唱；被放逐到海南仍旧可以悠闲地生活，自制东坡肉，自制东坡帽……写诗作字之间，几乎跳出"五行"之外，苏东坡为自己寻找到了一个可以流淌出那些凡尘琐事中令人感到不快的出口。

滚滚红尘中，不为蜗角功名，蝇头小利所动；不被喜怒哀乐，烦恼忧愁所驱逐。时常让自己的内心平静下来淡定地自省，惬意地品茗，做一次心灵的旅行，在心灵平静之下，就会很从容地快乐生活。

成功是荣辱不惊的心态

克里姆林宫内曾有一位忠于职守的老清洁工。她说："我的工作和叶利钦的工作差不多，叶利钦是在收拾俄罗斯，我是在收拾克里姆林宫。每个人都在做好自己的事。"
她说得特别轻松、怡然，让人感动，也令人深思。

克里姆林宫的老清洁工在达官显贵面前是地位低下的
平民百姓，可是她却并不感到自卑，反而还幽默地将自己
的工作和总统的工作相提并论，足以见其心胸的豁达与坦
荡。从她的身上，我们可以清楚地看到，所谓的成功也只
不过是一种心态。心态，决定一生的高度。一个人怎样对
待成功，那么，成功也会同样的对待你。而把握住你一生
命运的，仍然是你自己。只要自己认为自己获得了成功，
那么，成功就会陪伴着你。

淡泊名利　宁静致远

相传大清乾隆皇帝下江南时，来到江苏镇江的金山寺，
看到山脚下大江东去，百舸争流，不禁兴致大发，他问当
时的高僧法磐："你在这里住了几十年，长江中船只来来
往往，这么繁荣昌盛，你可知道这一天下来到底要过多少
条船啊？"法磐回答："只有两条船。"乾隆问："怎么
会只有两条船呢？"法磐说："我只看到两条船。一条为
名，一条为利，整个长江中来往的无非就是这两条船。"
一语便道破了天机。

司马迁在《史记》中曾写道："天下熙熙皆为利来，天下攘
攘皆为利往。"除了利，世人的心中最注重的就是名了。多少人
辛苦地劳碌，为的就是名和利所带来的虚荣感。利当然是社会发

展最有效的润滑剂，但我们却不应该过于看重名利，更不应该疲于为名利奔波不止。随着市场经济的发展，我们每一个人都生活在追求利益的环境里，完全不言名利也是不可能的，可是，我们应该正确地对待名利，"君子言利，取之有道；君子求名，名正言顺"。君子所求的名与利，应当是本着君子爱财，取之有道的原则。小人所争的名与利，利令智昏，卑鄙之手段，无所不用其极。名利是永无止境的，唯有适可而止，才能够知足常乐。如果整天都为名利所累，就会被万事烦扰，不得安宁。知足者能够看透名与利的本质，在心中拿得起放得下，心中自然宽阔。就像庄子对待名与利的观点：淡泊名利，宁静致远。

淡泊于名利，是做人的崇高境界。没有容纳宇宙的胸怀，就没有洞察世俗的眼力。纵观古今，许多学问家都淡泊名利。他们对个人的名利通常采取了漠然冷淡和不屑一顾的态度，而把主要的精力都放在了对理想、事业的追求上。

居里夫人获得第一次诺贝尔奖之后，毅然决然地将原来的100多个荣誉称号统统都辞掉，专心做研究，终于又荣获了第二次诺贝尔奖。

有一天，一位朋友来她家里做客，看见她的小女儿正在玩英国皇家学会刚刚颁发给她的一枚金质奖章，惊诧不已："居里夫人，现在能得到一枚英国皇家学会的奖章是一份极高的荣誉，你怎么能给孩子玩呢？"居里夫人却笑了笑说："我是想让孩子从小就知道，荣誉就像玩具，只能玩玩而已，绝不能永远守着它，否则就将一事无成。"居里夫人对待荣誉的这种态度，成为后人学习的典范。

淡泊并不是力不能及的无可奈何，也不是心满意足的孤芳自赏，更不是碌碌无为的怨天尤人。淡泊就是摆脱世俗的诱惑和困扰，实实在在地对待一切，豁达客观地看待一切的生活。

美国国父华盛顿

1783年9月3日，英国正式承认美国独立。11月2日，在普林斯顿附近的洛基希尔，华盛顿向追随他征战多年的将士发表了告别演说，他说："你们在部队中曾是百折不挠和百战百胜的战士；在社会上，也将不愧为道德高尚和有用的公民。""平民生活的朴素、谨慎和勤劳的个人美德与战场上更为壮丽的奋勇、不屈和进取精神同样可贵。"最后，他公开发表了自己即将退役、期待过平民生活的热切愿望，"分离的帘幕不久就要拉下，我将永远退出历史舞台了。"在两天以后，华盛顿乘船离开纽约港，岸边道别的人流如潮水般延绵不绝。12月23日，华盛顿向大陆会议辞去一切的职务，亲手交还了大陆军总司令的委任状，正式告老还乡。之后，便回到了他日夜思念的故乡弗农山庄。在给一位朋友的信里面，华盛顿说："亲爱的侯爵，我终于成了波托马克河畔一个普通的百姓，在自己的葡萄架和无花果树下休闲乘凉，看不到军营的喧闹和公务的繁忙。我此时所享受的这种宁静幸福是那些贪婪地追逐功名的军人们，那些日夜图谋策划、不惜灭亡他国以谋私利的政客们，那些时常察言观色以博取君王一笑的弄臣们所无

伦理与人生——厚德载物的知识

法理解的。我企盼能独自漫步，心满意足地走完我的人生旅途，我将知足常乐。"

从上面的信中我们可以看得出，不论是威震八方的将军还是朴实无华的公民，对于华盛顿而言是再平常不过的了，就像当初应召为国服务，他也义不容辞，这便是义务，是责任，也是他作为军人的荣誉感，是他做人的基本准则。一旦胜利降临，戏剧落幕，他就坦荡地告别了这个华丽的舞台，没有一丝一毫的犹豫和留恋。在华盛顿看来，为国家做任何事情都是一份责任和义务，而不是个人获得利益的手段。

人生一世，草木一秋。每个人来到这个地球上，都只不过是一个来去匆匆的过客而已。世上的名和利，都只不过是浮云往事，是身外之物，生不带来，死不带去，一生为追求名和利奔波劳碌，实在是本末倒置。拥有一颗宁静的心，即使你没有太阳的炙热，可你却拥有月光的柔美；即使你没有花朵的鲜艳，可是你却拥有果实的甘醇；即使你没有甜美的歌喉，可是你却拥有了绝伦的填词才华；即使你没有作家的成就，可是你却拥有了读者的感悟；即使你没有水的灵活，可是你却拥有了山峰的稳重；即使你没有酒的浓烈，可是你却拥有了茶的芳香。拥有一颗宁静的心，纵然昨天的辉煌成绩瞬间化为乌有，我们也依然能够平静地去耕耘今天；纵然今天的肩上重担如山，我们也依然能够乐观地憧憬未来；纵然明天依然布满荆棘满途，我们也依然能够潇洒地步入后天。

古人有云：宠辱不惊，闲看庭前花开花落；去留无意，漫随天外云卷云舒。可是，在竞争日益激烈的当今时代，在充满诱惑日趋繁杂的社会里，坚守节操、淡泊名利也并非一件易事，只有树立远大的理想和人生追求、乐于奉献的精神，才能够经受得住各种诱惑的考验，矢志不渝地坚守着自己的道德准则和理想信念，看淡名利，不去计较得与失，用淡泊的情怀书写出高尚的人生。

第四节　礼贤下士是君子之风

礼贤下士的意思是：对待贤者以礼相待；对学者尤为尊敬。在封建时期，指地位高的人降低自己的身份，用特别尊敬和礼貌的方式来对待地位比自己低而又很有才干的人，从而让他为己效力。这类方法一度成为招贤纳士的准则，可谓是君子之交天高地阔。

人格高尚的人往往都很豁达，善于结交德才兼备的人，不仅寻找到志同道合之人，而且立身于世更是左右逢源。唐朝的房玄龄曾说过："欲崇诸己，先下于人。"要是你期望获得众人对自己的尊重，那么你首先就要甘心居于下风。有些时候，我们如果能够光明磊落的人和稍逊一筹的人相交相知，无论做什么事情都好像有一股潜力在支撑着，这就是我们荣辱与共的馈赠。当你结交有才能的人，比不结交别人的人，在事业方面就会来得老成稳重得多。因为"不爱任何别人的人，任何人也不会爱他"，这是德谟克利的特别相告。毕竟，一个人经常得到良师益友的陪伴，在生活中开诚相见，就是会有一种无可置疑的惬意。

事实上，对德才兼备的人宽大为怀，不卑不亢地获取人心，得道者多助，当你准备做一番大事业的时候才能够集思广益，这才是深谋远虑、高瞻远瞩。所以许衡才会直言不讳地指出："贤者以公为心，以爱为心，不为利回，不为势屈。"还有汉代刘安一语道破的箴言："两心不可以得一人，一心可得百人。"

先秦在《荀子·劝学》中谏诤："君子居必择乡，游子必就士，所以防邪僻而近中正也。"凡是有深谋远虑的人，都十分懂得尊重有才干的人，才会真心诚意地与人交往。比如，大家所熟悉的三顾茅庐的故事，就是交朋结友的典范。刘备为了请诸葛亮来帮助自己夺得天下，毅然决然地三次亲自到诸葛亮居住的茅庐去邀请他，最后诸葛亮被刘备的诚意所打动，答应出山辅助他。所以人们常说，君子之交坦荡荡，遇贤者视为知己，日后任人唯贤，才不会让有能力的人与自己失之交臂。

李勉礼贤下士

李勉是唐朝人。他在年轻的时候，喜欢到处游学，广交朋友。有一次，他认识了张书生，结伴来到一个叫梁的地方，谁知张书生突然生起病来，而且病得很是严重。李勉就替他请了大夫，买药煎药，喂水喂饭，无微不至地照顾他。可是，张书生的病情还是不见好转。张书生便对李勉说："李兄，看来我是没救了。我死后，你用我的银子替我埋葬，剩下的钱财，就送给你用吧，以报答你连日来对我悉心的照顾。"

张书生去世后，李勉遵照亡友的遗言办理了丧事，然后收拾好行囊，来到了朋友的故乡，将死讯告诉了张书生的家人，并将剩余的钱财全部归还给他的家人。李勉当时虽然也是一个穷书生，可是他却不贪图别人的钱财，这种诚信的行为让张书生的家人非常感动。

后来李勉当上了节度使，不仅为人处事廉洁公正，而且十分爱惜人才。有一次，在外出巡察中，他发现一个叫王晔的县尉很有才干，就想提拔他，却忽然接到皇帝拘捕王晔的命令。原来王晔因为刚正不阿，秉公办事，不想得罪了朝中权贵，遭到了诬告陷害。

李勉不忍心看到王晔无辜受害，就赶回了京城觐见皇帝，陈述王晔的为人，称赞他是个人才，恳请皇帝加以重用。皇帝见李勉极力为国家推荐人才，心里也十分赞赏，于是就赦免了王晔，还升他为县令。王晔上任后，清廉公正，勤政为民，深受百姓爱戴。大家都说李勉是个善于提拔人才的好官。

李勉在任节度使的时候，听说李巡和张参很有学问，于是就请他们出来办事，每当有宴会，都会邀请他们一同畅饮。李勉后来当了宰相，即便地位尊贵，但也从不骄傲自大，依然亲自到士兵家里慰问他们的家属，全城的百姓都称赞李勉是个礼贤下士的好官。

如果你是一位成功人士，千万不要骄傲自满，拒人于千里之外，在这纷繁复杂的社会里，你应当清楚地意识到要想有柴烧一定要留得住青山。财富不是朋友，可是朋友却是一笔无形的财富。择友如淘金，沙尽不得宝。我们要同那些正直、信实、见闻广博的人交朋友。君子在家里，就行为厚道；在外面，就交友贤人。《荀子·子道》有记载："士有妒友，则贤交不亲；君有妒臣，则贤人不至。"这就刚好和黑格尔的思想不谋而合："不同他人发生关系的人不是一个现实的人。"

齐桓公礼贤下士

　　齐桓公听说小臣稷是个贤士，希望能够见他一面，和他交谈上一番。有一天，齐桓公连着三次去见他，小臣稷故意不见，跟随桓公的人就说："主公，您贵为万乘之主，他只是个布衣百姓，一天中您来了三次，既然未见他，也就算了吧。"齐桓公却颇有耐心地对他说："不能这样，贤士傲视爵禄富贵，才能轻视君主，如果其君主傲视霸主也就会轻视贤士。纵有贤士傲视爵禄，我哪里又敢傲视霸主呢？"这一天，齐桓公前后连续五次前去拜见，才得以见到小臣稷。

　　又根据《管子·小问》记载，有一天，桓公与管仲在宫内商讨要征伐莒国的事，还没行动，消息已经在外面传开了。桓公气愤地对管仲说："我与仲父闭门谋划伐莒，没有行动就传闻于外，这是什么原因？"管仲曰："宫中必有圣人。"桓公仔细回想了一下，说："是的，白天雇来干事的人中，有一个拿拓杵舂米，眼睛向上看的，一定是他吧？"那人叫东郭邮，等他来到齐桓公跟前，桓公把他请到上位坐下，询问他说："是你说出我要伐莒的吗？"东郭邮果敢他说："是的，是我。"桓公说："我密谋欲伐莒，而您却言伐莒，是何原因？"东郭邮回答："我听说过，君子善于谋划，而小人善于猜忌。这是我推测出来的。"桓公又问："你是如何推测出的？"东郭邮说："我听说君子有三种表情，悠悠欣喜是庆典的表情，忧郁清冷是服丧的表情，红光满面是打仗的表情。白天我看见君主在台上坐着红光满面，精神焕发，是打仗的表示，君王唏吁长出气却没有声，看口型应该是言莒国，君主举起手远旨，也是指向着莒国的方向，我私下认为小诸侯国中不服君主的只有莒国，因此，我断定你是在谋划伐莒。"桓公听言欣喜他说："好！你从细微的表情和动作上断定大事，了不起！我要同你共谋事。"不久，齐桓提拔了东郭邮，委以重任。

正是因为齐桓公礼贤下士，选贤任能，最终才为其霸业储备了大量的有用人才。

一个人如果能够网罗其他有才华的人，结成牢不可破的友谊。在做任何事业中，让他们集思广益，群策群力。那么，这个人苦心经营的金字塔，一定会富丽堂皇、光彩夺目。

第五节　品德清纯是育才之宝

伟大的教育家吕型伟曾说过："人类最大的残疾是心灵的残疾，教育不仅仅是文化上的传递，更是人格心灵的唤醒。"简而言之，唤醒人类的良知，才是道德教育的全部含义。

道德品质俗称品德，是指一定社会的道德原则、道德规范和道德要求在个人思想和行为中的体现，是一个人在一系列的道德行为中所表现出来的比较稳定的特征和倾向。中国的传统文化是以注重道德教育为特征的，但在当今社会发生剧烈变化之际，传统文化与现代道德之间似乎有了隔阂。人们关心的焦点集中于经济发展，道德教育偏离了重心，现代文明一片迷惘。

托尔斯泰曾说过："某种行为如果必须以复杂的理论来说明，

我们便可以相信那是一种恶劣的行为，良心的决定是直接而单纯的。"世界归根结底是青少年的，传承中华文明的希望在青少年一代身上。可是，承载着中国希望的青少年一代的道德意识、道德认知的现状令人担忧。所以，加强道德品质修养已经刻不容缓，加强道德品质修养责任重如泰山。

毅力是克服失败的良药

20世纪70年代是世界重量级拳击史上英雄辈出的时代。4年来未登上拳台的拳王阿里此时体重已经超过正常体重二十几磅，速度和耐力也已大不如前了。医生给他的运动生涯判了"死刑"。然而，阿里坚信"精神才是拳击手比赛的支柱"，他凭着顽强的毅力重返拳台。

1975年9月30日，33岁的阿里与另一拳坛猛将弗雷泽进行第三次较量（前两次阿里一胜一负）。在进行到第14回合时，阿里已经筋疲力尽，濒临崩溃的边缘，这个时候就算一片羽毛落在他身上也能让他轰然倒地，他几乎再无丝毫力气迎战第15回合了。然而他拼命坚持，不肯放弃。他心里清楚，对方和自己一样，也是只有喘息的气力了。

比到这个地步，与其说是在比力气，不如说是在比毅力，就看谁能比对方多坚持一会儿。他知道此时如果在精神上压倒对方，就有胜出的可能。于是，他竭力保持着坚韧的表情和誓不低头的气势，双目如电，令弗雷泽不寒而栗，以为阿里仍存有体力。这时阿里的教练敏锐地发现弗雷泽已有放弃的意思，他将此信息传达给阿里，并鼓励阿里再坚持一下。阿里精神一振，更加顽强地坚持着。果然，弗雷泽表示"俯首称臣"，甘拜下风。裁判当即高举阿里的臂膀，宣布阿里获胜。这时，保住了拳王称号的阿里还未走到台中央便眼前漆黑，双腿无力地跪倒在地。弗雷泽见状，如遭雷击，追悔莫及，并为此抱憾终生。

亚军到冠军的距离

从亚军到冠军的距离有多远？很近，一尺高的站台；又很远，张怡宁在世乒赛上走了6年那么久。

1999年，初出茅庐的张怡宁第一次参加世乒赛就获得单打亚军，随后两届世乒赛，一次季军，一次亚军。张怡宁太渴望冠军了，每当离成功只有一步之遥时，她反倒变得患得患失。"我是把所有的错误都犯过以后，才知道不能这样走。四年里，感觉路走得特别艰辛，有过成功，也有失败，积累了很多东西。特别是从2003年到2004年这一年，我有过状态最好的时候，也有最不好的时候，什么样的球都输过，什么赢球的感觉也都有过，这些经历都成了我最宝贵的财富。"在上海，第四次踏上单项世乒赛之旅的张怡宁，目标直指女单桂冠。"我在冲顶过程中遭遇的挫折是从世乒赛开始的，所以这次希望在上海能有所突破，尤其单打上能拿一次冠军"，在正定备战时张怡宁这样说。6年后的上海滩，张怡宁终于如愿以偿，领奖台上的一步之遥，对于她意味着突破，因为这一次，她战胜了自己。人生要不断面临选择，而作为一名优秀的运动员，必须选择不停地去攀登一座座事业的高峰，追求无限风光在险峰的刺激，目标永远瞄准更高更远的下一座。张怡宁说："只要选择了，我就会坚定地走下去，而最难的是选择本身。"在经历过起落沉浮后，她选择战胜自我，超越自我。

她纤瘦，不施粉黛；她不爱笑，眉宇冷然。赛场上的她，举手投足间是掩不住的霸气，电光石火间，傲然天下。张怡宁，从四年前的雅典到四年后的今天，她完成了王者的卫冕，完成了一份珍贵的承诺。

道德修养的方法

第一，学习的方法。

文明、理智、高尚总是同知识、文化相联系；无理取闹、粗俗、野蛮，总是和愚昧、无知、不学无术相联系。古希腊人曾经把知识本身看作是一种美德—"知识即美德"，知识只有通过学习才能掌握。学习，既包含学习伦理道德知识，也包含学习一般的文化知识。学习一般文化知识，有助于修养美德，人们通常在读书钻研中使灵魂得到净化。

第二，省察克治的方法。

这一方法是明代思想家王阳明通过归纳以往"内省""自松""思过"等修养方法而提炼出来的。旨在发挥人们的能动精神，在自己内心深处用道德标准检查、反省，找出缺点、坏思想、坏念头，并加以克制。学习和省察克治是紧密联系的。

第三，慎独的方法。

这种道德修养方法，注重在无人监督时不仅不能放松，还要更加注重坚持自己的道德理念，非常谨慎小心，强调要在"隐"

和"微"上下功夫。当人们闲居独处的时候,在别人看不到、听不到的情况下,最易言行肆意,不注意以道德准则来要求自己。实际上,内心最深处的念头,最隐蔽的行为,最细微的举动,最能体现一个人的内在和灵魂。

第四,立志与力行。

立志就是树立远大的道德理想。这个理想就是"道",即一定社会阶级的道德准则和规范。立志就是按照一定的道德要求为自己树立起道德上的理想人格目标。"力行"指的是亲身进行道德实践。道德修养如果仅仅停留在口头上或内心里,而不付之于行动,就永远达不到既定的目的,因此必须落实到具体的实践中。

第五,改过与知耻。

在人们的日常生活和工作中,改过自新是道德修养的重要途径。改过就是指更正自己的错误和过失。改过可以有三层理解:首先要能够正确地分析出现错误的原因,能够正确地对待他人对自己缺陷的批评,以求改正而不再犯类似的错误。其次在与人交往中,遇到错事要多反省自我,而不是一味地责难他人。最后,在他人犯错误时,应当善意地提出批评,而且批评要客观公正和实事求是,避免造谣中伤、夸大其词或者是利用别人的过失恶意揭短。知耻就是有羞耻心。羞耻心是人的道德行为准则,一个人只有懂得知耻,才能让言行符合社会的道德规范,成为一个有道德修养的人。

高尚的品德如同王冠上熠熠生辉的宝石,有着"清水出芙蓉,天然去雕饰"的冰清玉洁;有着"明月松间照,清泉石上流"的深远意境;有着"荷风送香气,竹露滴清响"的高洁无华;有着"居高声自远,非是藉秋风"的高雅境界。青少年们,让我们增强个人的品格修养,争做道德高尚的人,为自己开创一个美好的明天!

第 3 章

开启臻善人生的钥匙——广结善缘的和谐伦理

孟子曰：人之初，性本善。法国的纪德曾说过："对于心地善良的人来说，付出代价必须得到报酬这种想法本身就是一种侮辱。美德不是装饰品，而是美好心灵的表现形式。"所以说，善良的人克己，抛开了人们眼中的欲望，不需要也不等待回报。真正的善念，在最朴实的心灵之地成长。培养善念，美好将与你常在，世界更和平宁静；培养善念，播种下希望，播种下成功，同时也播种下幸福。

第一节　常怀善念是道德之泉

孟子曰：人之初，性本善。法国的纪德曾说过："对于心地善良的人来说，付出代价必须得到报酬这种想法本身就是一种侮辱。美德不是装饰品，而是美好心灵的表现形式。"所以说，善良的人克己，抛开了人们眼中的欲望，不需要也不等待回报。真正的善念，在最朴实的心灵之地成长。培养善念，美好将与你常在，世界更和平宁静；培养善念，播种下希望，播种下成功，同时也播种下幸福。

人们理想的生存环境，就是大家和谐平等，和睦相处。倘若人们能够做到放弃猜忌、贪欲、嫉妒、暴戾，献上真心、真情、真爱，心中便能常存善念之心，正如"随风潜入夜，润物细无声"，善念就会于潜移默化中深种人们的心中。

培植善念，雕琢自己

很久以前，西藏有一位大师。每日打坐，座前放一堆黑石子和一堆白石子。当心中出现善念时，就取一颗白石子，出现恶念时就取一颗黑石子，以此来分辨善恶。等到了晚上时，就查看所取的白石子与黑石子数目。最初，黑石子多于白石子，大师痛苦自责：你已在苦海轮回，还不知悔改么？后来，黑石子逐渐减少。三十年以后，所取的石子已全部为白，大师终修得菩提道。得道与否，非取决

伦理与人生——厚德载物的知识

于最初的雏形优劣，而是看你是否懂得雕琢自己。

人一出生，就好像一块未经雕刻的玉石，洁白无瑕。随着社会与自我的刻刀不停地雕刻，纯朴的玉石也会留下深深浅浅的刀痕，或因去芜存菁，或因一时失手留下瑕疵，但最终总要长成自己的形状。俗话说："人之初，性本善。"人性本善，或善或恶，就要看雕琢的刻刀在哪一个方向着手较重。

我们都不是完人，无法像西藏大师般扫除一切恶念，一心向善。可是，善念是灵魂的庙宇，少了它的庇护，心灵将不再闪光。"勿以善小而不为，勿以恶小而为之。"培养善念，让手中的刻刀镌刻有度，让雕琢的天使形神俱备。

佛家常说"慈悲以为怀"。把行善之心推己及人，对万物关怀，是为"慈"；看见别人落难，心生怜悯是为"悲"。很多人将慈悲看成过时，甚至是陈腐的象征，实际上慈悲之心是穿越时间透析人性的基石。培养善念，就是对世间人事怀有慈悲之心，产生怜悯，付出关爱。或许有人认为行善难，行大善就难上加难。实际上，善行不在大小。将沧海填为桑田，将沙漠化作绿洲固然是好事，可是那太不切实际。与此相反，"为鼠常留饭，怜蛾不点灯"，事虽琐碎，品起来却让人心头一暖。

莎士比亚曾说过："善良的心地，就是黄金。"善念，需要人们精心去呵护；善念，需要人们共同去培养。

培植善念，需有悲天悯人之心灵

春秋时期有个楚惠王，他吃酸菜时发现里面有一只水蛭，倘若把水蛭挑出来，厨师就会因此被处死。他怜悯厨师，就不声不响地连水蛭一起吃了下去。到了晚上，楚惠王如厕时，不但将水蛭排泄了出来，而且原来肚子疼的病也痊愈了。多少帝王，藐视生灵，楚惠王却一片善心，悲天悯人。

屈原小的时候，家乡正在闹饥荒。有一天，屈原家门前的大石头缝里突然流淌出了雪白的大米，老百姓兴高采烈地将米背回了家。后来有一天夜里，屈原的父亲发现小屈原正从粮仓里往外运米，原来是屈原将自己家的米灌进了石头缝里。父亲并没有责怪屈原，只是说："咱家的米救不了多少穷人，假如你长大后做了官，治理得好，那么天下的穷人不就有饭吃了吗？"自此以后，善念促使屈原更加用功读书，后来成为我国历史上第一位伟大的浪漫主义爱国诗人。

楚惠王和屈原，都保持了一颗最真诚的悲悯之心，"为鼠常留饭，怜蛾不点灯"，他们用善念谱写了伟大！

盲人提灯

有一个僧人黑夜里行路，因为天太黑，僧人在路上被行人撞了好几下。他继续往前走，看见有人提着灯笼向他走来，这时旁边有人说："这个瞎子真奇怪，明明看不见，可是每天晚上都要提着灯笼。"僧人于是上前问那盲人："你真是盲人吗？"盲人说："我从生下来就不见一丝光亮，就连灯光也不知什么样。"僧人奇怪地问："那你干吗打着灯笼？"盲人说："我听说到了晚上人们就变成了盲人，因为夜晚没有灯火，所以我就提着灯笼走出来。"僧人感叹道："你心地真是善良，原来你是为了别人！"盲人回答："不是，我也是为了我自己！"僧人迷惑道："为什么呢？"盲人问他："你刚才走路时没有被人撞过？"僧人说："有啊。"盲人道："我是盲人，什么也看不见，可是我却没有被人撞到过，因为我的灯笼既为照亮了别人，也让别人看到了我，这样他们就不会撞到我了。"黑夜中的一盏灯火，既照亮了别人，同时也照亮了自己。

悲悯之心，人皆有之。或许我们并不是生活中的强者，可是我们的身边总会出现很多的弱者，相比之下，我们还算是幸运的，幸福的。面对需要帮助的人，心存善念通常是不够的，难能可贵的是还要多行善举。例如一个微笑就可以给予他们前进的力量；一句鼓励就可以唤起人们心底的信念；一次搀扶就可以促使人们远离危险；一点捐助就可以改变人们的一生，而这一切对于我们来说或许只是举手之劳。送人玫瑰，手有余香；搬开别人脚下的绊脚石，通常也是在为自己铺路。

一个善念躲过一次枪杀

在第二次世界大战中的一天，欧洲盟军最高统帅艾森豪威尔在法国的某地乘车返回总部，参加紧急军事会议。

那一天大雪纷飞，天气寒冷，汽车一路奔驰。在前不着村后不着店的途中，艾森豪威尔忽然看见一对法国老夫妇坐在路边，冻得瑟瑟发抖。

艾森豪威尔立刻命令停车，让身旁的翻译官下车去询问。一位参谋慌忙提醒说："我们必须按时赶到总部开会，这种事情还是交给当地的警方处理吧。"其实上连参谋自己都知道，这只不过是一个借口。

艾森豪威尔还是坚持着要下车去，他说："如果等到警方赶来，这对老夫妇可能早就冻死了！"

经过询问才得知，这对老夫妇是去巴黎投奔儿子，但是汽车却在中途抛锚了。在茫茫大雪中连个人影都看不到，正不知如何是好呢。

艾森豪威尔听后，二话没说，立刻请他们上车，而且特地先把老夫妇送到巴黎儿子的家里，然后才赶回总部。

此时的欧洲盟军最高统帅并没有想到自己的身份，也没有蔑视被救援者的傲气，他命令停车的瞬间，也没有复杂的思考过程，只是出于人性中善良的本能。

可是，事后得到的情报却让所有的随行人员都震惊不已，特别是那位阻止艾森豪威尔雪中送炭的参谋。

原来，那天德国纳粹的狙击兵早已预先埋伏在他们的必经之路上，希特勒那天认定盟军最高统帅死定了，可是狙击一事却意外流产，事后他怀疑情报不准确。希特勒哪里知道，艾森豪威尔为救那对老夫妇于危难之中而改变了行车路线。

历史学家评论道：艾森豪威尔的一个善念躲过了暗杀，否则第二次世界大战的历史可能会被改写。善念不是想来就来，想走就走的，那是要时时刻刻去累计、去储存，才能在关键的时刻不

伦理与人生——厚德载物的知识

用多加思考地运用。有一个特别有趣的现象，和普通银行里支出金钱不一样，在"善"的银行里，人越有善念，越有善良的行动，银行里的"善"的存款反倒是越用越雄厚。善良是生命中取之不竭的黄金，帮助别人，也是善待自己。古人有云："福在积善，祸在积恶。"善念从心开始，向前迈一步，善念就变成了善行。常存善念容易，变成善行就很难。很多人舍己救人，雪中送炭，这些善行大多数都是对别人有利，可能是对自己不利的，可是只有这样方能显出善念和善行的真实价值，这种价值是无法用金钱来估量的。所以才会有英雄的出现，这些英雄的行为影响深远，值得我们去思考。善是架起爱的桥梁；善是到达彼岸的风帆；善亦是走出黑暗的明灯。心存善念，多行善举，世界便更加美好。

人生最大的快乐莫过于与人行善，助人行善是人生价值的具体展现，是人性闪烁的光芒，是人类生生不息的源泉。在生活中，我们何不多存一点善念，多行一些善举，用感恩的心面对人生，不要错过每一次帮助别人的机会，相信你的人生才会更精彩。

第二节　与人为善是道德之魂

与人为善，赠人玫瑰，手有余香。人间充满着许许多多的缘分，生活中的每一个善举都有可能让自己收获一些出乎意料的东西。与人为善，就是与自己为善。不要蔑视任何一个人，也不要忽视任何一个可以助人的机会。学会对每一个人都热情相待，学会对每一个机会都充满感恩。佛教一个基本处世原则是与人为善。佛教认为，只要我们以一颗善良的心来对待别人，就能与人结下善缘，从而就会有好的人缘，才能够在生活中处处得到别人的尊重与爱戴。

古人有云："善人者，人亦善之。"美国耶鲁大学研究专家曾经对7000多人进行了一项跟踪调查，结果显示，凡事与人为善事时，体内就会分泌出一种天然镇静剂—内啡肽。它通过细胞膜上的受体，让人产生愉快之感。同时，乐善好施的行为还可能激发众人的感激、友爱之情，为善者因为获得了人们的好感与信任，从而内心获得了温暖与满足感。当一个人对弱者或陷于困境的朋友伸出援手时，他的心里就会涌现出欣慰之情；当一个人坚信自己于他人有助益时，他就会变得更加积极向上。正所谓"情舒而病除"，与人为善不仅是自我完善的催化剂，同时还是身心健康的营养素。

纽约心理治疗中心的相关负责人表示，现代心理学上最重要的发现就是：一定要有自我牺牲精神和自我控制能力，才能真正认知自我，并感到快乐。助人为乐是赢得好人缘的最佳途径，它能够最大限度地帮助自己和他人减少痛苦、增进幸福。

一杯鲜奶

一个穷苦学生，为了付学费，挨家挨户地推销货品。到了晚上，才发觉自己的肚子很饿，而口袋里只剩下一点小钱。于是他决定要向一户人家乞讨。

可是，当一位年轻貌美的女孩子打开门时，他却失去了开口勇气。他没敢讨饭，只要求一杯水喝。女孩看出来他的饥饿，于是给他端出一大杯鲜奶来。

他不慌不忙地把它喝下，并问说："应付多少钱？"

可她的答案却是："你不欠我一分钱。母亲告诉我们，不要为善事要求回报。"

于是他说："那么我只有由衷地谢谢了。"

当这个叫郝武德·凯礼的学生离开时，不但觉得自己的身体强壮了不少，而且对信仰与对人的信心也增强了起来。而在敲开女孩子家的门之前，他已经陷入了绝境，原本准备放弃一切。

数年后，那位年轻的女孩患了重病且病情危急。当地医生都已束手无策。家人只好把她送进大都市，以便请专家来检查她罕见的病情。他们请到了郝武德·凯礼医生来诊断。当他听说，病人是某某城的人的时候，他的眼中充满了奇异的光芒。他立刻穿上医生的服装，走向医院大厅，进了她的病房。

郝武德·凯礼医生一眼就认出了她。他立刻回到诊断室，而且下定决心要尽最大的努力来挽救她的生命。

从那天起，他特别关心她的病情。经过漫长的奋斗之后，终于让她转危为安，战胜了病魔。最后，批价室把出院的账单送到医生手中，请他签字。

医生看了账单一眼，然后在账单边缘上写了几个字，就把账单转送到她的病房里。

她不敢打开账单，因为她确定，这笔费用需要她一辈子才能还清。终于她还是打开看了，账单边缘上的一行字引起她的注意。"一杯鲜奶已足以付清全部的医药费！"签署人：郝武德·凯礼医生。女孩眼中泛着泪水，她心中高兴地祈祷着："天主啊！感谢您，您的慈爱，借由众人的心和手，不断地在传播着。"

有付出才会有回报，有耕耘才会有收获，今天的收获或许就是昨天耕耘的结果。人与人之间的关系也就是这样。只要你宽以待人，在别人困难的时候及时地伸出援助之手，那么你的真心付出就一定能够结出令你惊喜的果实。学会与人为善，是人格的升华，魅力的提升；学会与人为善，人生处处是欢笑。

纵观古今，流传着许多佳话。俞伯牙、钟子期，知音之交，美名传诵；廉颇、蔺相如，刎颈之交，撼天动地；刘备、关羽、张飞，桃园结义，生死之交，羡煞旁人。结交，是心与心的交流，是惺惺相惜的灵动、情与情水乳交融的相知。

孟子曾经说过："君子莫大乎与人为善。"人不能总想着自己，也要多考虑别人，以开朗豁达的心境、热情友好的态度，去尊重他人，理解他人，关爱他人，帮助他人。

与人为善，要有奉献精神。明朱柏庐在《治家格言》中写道："善欲人见，不是真善；恶恐人知，便是大恶。"假如我们做了一件好事，就每天挂在嘴边上，写在脸上，生怕别人不知道，那就不是真的与人为善了。我们应当像雷锋那样，做好事不留名，不图回报，将自己当作一滴水融入整个社会的大潮之中，为掀起生活中的巨浪贡献自己的力量。只有这样，才能算是真正地为善。

与人为善，是中华民族的传统美德。我们的祖先对"善"字的价值判断有三个要点。一是把善字看作"大"，《孟子》说："君子莫大乎与人为善。"二是把善字看作"宝"，孔子说："惟善为宝。"三是把善字看作"乐"，宋人罗大径说："为善最乐。"这三句话，足见从善之高尚，从善之幸福。

在我们的生活中处处都有善意。只要我们能够真正地认知与人为善的真正内涵，自然就拥有了快乐。"善"并不是简单意义上的单纯、善良，而是一个人内心的宽容，思想上的豁达，待人接物时的忍耐。为善最乐，真诚善念乐施好舍。只有这样好人才能得到好报，人生才会得到真正的快乐。

第三节　成人之美是道德之心

"成人之美"这个词语，出自孔子《论语》中的"君子成人之美"这句儒家经典。这句话译成现代汉语，可以理解为："君子"是具有高尚品格的人。君子总会为他人着想，尽可能去引导、鼓励、帮助别人完成心愿。这句经典名言，深刻地影响了几千年的中国文明传统。在中华民族的传统美德中，以诚为本、成人之美，是最根本的道德标准。在新的历史阶段，这些道德品质不仅被给予了新的思想内涵，而且对形成我们新时期道德观念和价值体系都起到了重要的作用。成人之美作为一种历史文化的传承，是不可或缺的精神品质，也是我们自我完善的捷径。

中国五千年来灿烂文明的薪火相传，铸造了源远流长的文化传统，留下了饱含思想精髓和价值追求的灿烂遗产。无论是儒家学说、道家学说，还是老子哲学，每一种哲学思想都是一部厚重的历史经典，成人之美作为其中的一支，贯穿了中华文明的历史。儒家的"人溺己溺、人饥己饥""己所不欲勿施于人"；道家的惩恶扬善；佛家的教人向善、慈悲普度等，无不囊括了成人之美的思想境界。有很多成人之美的佳话流传至今。

先秦的哲学家庄子讲过这样一个故事。楚国有个叫"郢人"的，擅长挥舞斧头，他可以将斧头舞成一阵风。郢人表演的时候有一个搭档，名字叫作"质"。质的鼻子上涂上薄薄的一层石膏粉，郢人一斧头舞下去，可以把石膏粉削下去，而不伤到质的鼻子。庄子一方面是赞赏郢人的高超技艺，另一方面也同样赞赏质精妙的配合与成人之美的成全精神。假如没有质可贵的成全精神，郢人也是不可能成功的。后来质死了，郢人就再也不能挥舞斧头了。因为能成为郢人的搭档，除了需要有足够的勇气和胆量外，还需要有绝对的默契。后来人们就用"质"作为知己的代名词。宋王安石诗："便恐世间无妙质，鼻端从此罢挥斤。"意思说：如果没有美妙的"质"来成全，再美好精彩的创造也会绝迹于世间的。

实际上，中华民族五千年的历史传承中，像"质"这样默默无闻、成人之美的可爱、可敬之士不胜枚举。这些经典的人和事之所以会流传千年而经久不衰，就在于它教化育人的强大感召力所赋予的强大生命力。高尚的美德是永远也不会过时的，成人之美作为中华民族优秀文化的历史积淀，不仅需要我们不遗余力地将它传承下去，更需要我们竭尽全力地把它发扬光大。

"成人之美"的思想含义

首先，"成人之美"虽然具有神圣性，但不只是强调壮烈的牺牲、殉难，它更多的是具有日常性，即日常人生的处世哲学与伦常德行。《大戴礼记》说："君子不先人以恶，不疑人以不信，不说人之过，成人之美。"

其次，成人之美，也是君子完善自己、实现自己价值的一种方式。君子完善自己有两种方式，一是修身治心，即"成己"；一是推己及人，即"成物"。君子所"成"的别人之美好，实际上也是他自己的美好。

莎士比亚曾说过："生命短促，只有美德能将它传到遥远的后世。"成人之美、乐于助人这种简朴的传统美德，在自我意识逐渐强化的今天，有着更重大的时代意义。如果我们都能把成人之美、乐于助人当作一种行为习惯去培养去践行，就可以利己而达人。

（一）胸襟宽广，具有识人之美的宽容练达

曾国藩曾说过："见得天下都是坏人，不如见得天下都是好人，存一番熏陶玉成之心，使人乐于为善。"说得通俗一点就是与其想着天下人都是坏人，还不如想着天下人都是好人，这样子你才能够用一颗积极的心态去帮助别人，去助人为乐。这是人性本善的信仰，顺此美好天性，人应当对他人之才加以引导成全，而不是忽视埋没，更不是阻止、扼杀。

匈牙利钢琴家李斯特

1831年，年轻的钢琴手肖邦从波兰流亡到巴黎。当时匈牙利钢琴家李斯特已经在法国名声鼎沸，而肖邦只是个默默无闻的小人物。可是，李斯特对肖邦的才华却十分欣赏，他一心一意要帮助肖邦名扬乐坛，于是想到一个让肖邦在乐坛一鸣惊人的好方法。那时候，在钢琴演奏的时候往往是把剧场的灯光熄灭，听众席一片漆黑，方便听众聚精会神地听演奏。李斯特坐在钢琴前，当灯光一熄灭，他就悄悄地让肖邦代替自己去弹奏。剧场里面一片寂静，人们都静气凝神准备欣赏美好的音乐。琴声响了，咚咚的琴声时而如高山流水，时而如夜莺啼鸣，人们完全被美妙的音乐折服了。演奏结束后，人们都兴奋地跳起来高喊李斯特的名字，可是当灯光亮后，人们发觉坐在舞台上的并不是李斯特，而是一个他们并不认识的年轻人，从此以后，肖邦名声大振。人们既为出现一颗钢琴新星而感到兴奋不已，更为李斯特的胸襟所折服。百年之后，李斯特成就肖邦的这段经典故事依旧为人们津津乐道。

在这个故事中我们可以看到，成人之美要有伯乐的慧眼识人之美，以博大的胸襟容人之美。我们每个人在成长的道路上，难免会遇到一些竞争，要多欣赏别人的优点，发现别人的优点，在个人发展和工作的过程中合理竞争，并主动地爱才、护才，英才方能有用武之地，他们的聪明才智就可以尽量地得到发挥。

（二）与人为善，具备济人之难的使命责任

与人为善、济人之难就是与人和谐相处、乐于帮助别人，它是中华民族的传统美德，与成人之美的精神是一脉相承的。但是这种美德并不是人人都具备的，这不但需要有广阔的胸襟，不计前嫌，事事为他人着想，更需要扬人之善、见贤思齐，常怀善意，多反省自己、少责怪他人。说到与人为善、济人之难，有个故事不得不提，那就是"管鲍之交"的经典佳话。

管仲与鲍叔牙

管仲是个政治奇才，但是如果没有鲍叔牙的推荐，他的才能很可能早就被埋没了。因为他的才能与智慧，一直是潜在的，不仅没有机会展现出来，而且还显得很平凡、碌碌无为，只有鲍叔牙了解他、欣赏他。管仲说："我曾经与鲍叔牙在一起做生意，赚钱我自己多拿，鲍叔牙不以我为贪，他知道我穷；我曾经帮鲍叔牙找事情做，反而让他更困难了，鲍叔不以我为愚蠢，因为他知道时机有好有不好；我曾经三次做官，三次被罢官，鲍叔不以我为没有出息，因为他知道我没有碰到赏识我的人；我曾经三次上战场三次逃跑，鲍叔不以我为胆怯，因为他知道我有老母亲。生我者父母，知我者鲍叔牙也。"

倘若鲍叔牙隔岸观火、事不关己，恐怕中国历史上就不会有管仲此人；倘若不是鲍叔牙一心一意地成人之美，一心想着别人的好，恐怕也不会成就这段千古佳话。

由此，我们不难得出这样的结论，善待他人，包容他人，济人于危难才是真正的君子之为，才会为世人所敬仰。与人为善，多做好事，不图回报，是一个人道德修养的重要方面。在人际交往中，乐于助人、不图回报，是人格的高境界，它不但实现了自我价值，也给周围的人以潜移默化的影响。对于我们青少年朋友来讲，应当不计较得失，全心全意地无私奉献。

（三）团结友爱，遵循谦和礼让的交往准则

古人有云："师克在和，不在众"，意思就是说军队对敌制胜在于团结一致，而不在于兵力众多。孟子论证"天时"、"地利"、"人和"在战争中的作用时明确指出："天时不如地利，地利不如人和"，说的也是这个道理。

"六尺巷"的故事

　　"六尺巷"位于安徽桐城。在康熙年间，文华殿大学士兼礼部尚书张英的老家人与邻居吴家在宅基地的问题上发生了争吵。张英家人在情急之下修书一封，遣八百里快马飞驰京都，希望当朝权臣张英能够出面处理，阻止吴家越界扩建。可张英在得知事实后，即时回馈家人一首诗，诗云："一纸书来只为墙，让他三尺又何妨。长城万里今犹在，不见当年秦始皇。"张英家人仔细阅读回书后，豁然开朗，遂退让三尺。当朝权臣如此大度，不但没有仗势欺人，反而能够以忍谋和、以让求睦，这深深地感动了吴氏一家。吴家也向后退让三尺再垒墙，巷道由此扩宽了六尺，遂留下了传颂至今的"六尺巷"。张英是封建时代的官吏，能够严于律己、舍利求义、自觉地追寻儒家大同的理想，确实难能可贵。宽容忍让、恭谦礼让的人无论在何时都是受人尊敬的。

　　团结、礼让是人与人和谐相处必须具备的一种境界，它体现的是一种文明素质。谦和者就是要有博大的胸襟、虚怀若谷，有包容之心，善于严于律己，宽以待人，互相尊重。个人自不用说，家庭、单位、国家亦是如此。以和为贵，这是做人的第一步，也是一种社交文化。

第四节　豁达大度是道德之春

豁达是一种大度和宽容，豁达是一种品格和美德，豁达是一种乐观的直爽，豁达是一种博大的胸襟、洒脱的态度，也是人生中最高的境界之一。

追寻豁达的人生态度实际上就像一次求学的旅行，沿途的风景和经历会不断地丰富你的阅历，会一次次撞击你的心灵。昙花，于无人处默默地绽放着朴素的美丽，秋菊于萧瑟的秋风中送来淡淡的清香，冬梅于寒风中独自开蕾，不与万花斗艳。随着见闻的开阔，我们会逐渐地舍弃一些没有意义的东西，人生不在于长短而在于生命的厚度，在于人生之中创造的价值。

豁达的奥尔德林

1969 年 7 月 16 日，美国阿波罗 11 号飞船首次将人类送上月球。飞船上载有阿姆斯特朗、科林斯、奥尔德林 3 名航天员。经过将近 76 小时飞行，7 月 21 日 2 时 56 分，阿姆斯特朗率先踏上这荒凉沉寂的土地，成为世界上首位踏上月球的人。19 分钟后，奥尔德林跟着也踏上了月球。而科林斯则驾驶着返回舱在环月轨道上等待返航。

阿姆斯特朗在迈上月球时，因一句"我个人迈出了一小步，人类却迈出了一大步"的善美之言霎时间变得妇孺皆知。可是，一同登月的奥尔德林却鲜为人知。在庆祝登月成功的记者招待会上，有一位记者对奥尔德林提出了一个很尖锐的问题："你作为同行者，而成为登上月球第一人的却是阿姆斯特朗，你是否觉得有点遗憾？"在众人十分尴尬的注目下，奥尔德林风趣地回答道："各位，千万别忘记了，回到地球时，我可是最先迈出太空舱的！"他环顾四周笑着说，"所以，我是从别的星球上来到地球的第一个人。"大家在欢快的笑声中，给予了他最热烈的掌声……奥尔德林用他豁达的胸襟和机智的幽默，真诚地分享了自己和朋友的快乐。

人生，正如风中摇曳的烛光，时而暗淡，时而闪耀。生活中的酸甜与苦辣不是自己拟定的，我们所能做的，就是给生活加一味调味剂——豁达的心。

豁达之人，宽容大度，胸无芥蒂，海纳百川。这样的人，最能掌控大局、讲求谅解、讲求友谊、讲求信任，能以豁达的态度，从容地应对一切。这样的人不会搞权力之争、利益之争，也不会被闲言碎语所左右，不会为误解而委屈记小账；有了成绩会想着他人，出现过失也会主动承担。所以，这样的人能够拥有和谐的人际关系。

豁达胸怀，洒脱人生

豁达是一种明智的处事方式，是一种人生态度、人生境界。

三伏天，寺院的草地枯黄了一大片。"快撒点草种子吧。"小和尚说。

师父挥挥手："随时！"

中秋，师父买了一包草籽，叫小和尚去播种。

秋风起，草籽边撒边飘。"不好了！好多种子都被吹飞了。"小和尚喊。

"没关系，吹走的多半是空的，撒下去也发不了芽。"师父说，"随性！"

撒完种子，跟着就飞来几只小鸟啄食。"怎么办？种子都被鸟吃了！"小和尚急得跺脚。

"没关系！种子多，吃不完！"师父说，"随遇！"

半夜一阵骤雨，小和尚早晨冲进禅房："师父！这下真完了！好多草籽被雨冲走了！"

"冲到哪儿，就在哪儿发芽！"师父说，"随缘！"

一个星期过去了，原本光秃的地面，居然长出许多青翠的草苗。一些原来没播种的角落，也泛出了绿意。小和尚高兴得直拍手。师傅点头："随喜！"

"随"是豁达的一种表现形式，它不是随便，是顺其自然，是不过度，不强求，不忘形的表象。具有豁达的胸襟，就能够拥有洒脱的人生。豁达是一种智慧、一种胸怀，是人生更深更远的一种境界、一种超脱，是自我精神的解放。豁达的人、豁达的官最值得赞赏，这样的人、这样的官也生活得最坦荡、最快乐。

古时候有位聪慧的商人，他带着一串玉连环求见各国国王，这串玉连环用美玉直接雕成，一个环套着一个。商人放言说，自己走过了上百个国家，也见过不少自称有才的人，但任凭再聪明的人，也无法解开这些连环。他的名气渐渐传开，很多国王都慕名邀请他去自己的国家做客，商人也从这些国王那里得到了很多赏赐。

一日，商人又带着自己的宝贝玉连环来到一个国家做客，国王带领群臣设宴招待，宴上，商人拿出连环，国王和臣子们都啧啧称赞，国王问："这个连环从来没有人解开过？"商人夸口说："从来没有人解开！假如贵国有人能解开，我就把这个传家之宝献给您！"国王抚摸着环环相扣的玉连环，突然抬起手，将玉连环掷在宫殿的大石柱上，玉连环应声而碎，商人失声大叫。

"你去看看，是不是解开了？"国王说。

"不用看了，全碎了。"商人苦笑道。

一位大臣问："陛下怎么会想到这个妙法？"国王大笑道："哪里是什么妙法！我看到这连环，环环不断，就觉得它像每日无尽的烦恼，一掷了之，岂不痛快？"

烦恼的念珠，周而复始，无穷无尽，那么最好的解脱办法就是将那念珠抛却，干脆就当它不存在。摆脱烦恼和逃避烦恼其实是两回事。摆脱，并不是让你从此对烦恼绕行，对所有困难都持回避的态度，而是在心境上，不把烦恼当作烦恼，不把忧愁看作忧愁，所以不会抱怨、不会恼怒，无论什么时候都能保持一颗平常心。

当烦恼出现的时候，不去想也不去管，任它自生自灭，这是一个最好的办法。因为烦恼最初都很弱小，你不理会它，它自然没法缠着你，怕的就是你不理智地与它纠缠，自己就会觉得束手束脚，整个心绪都被缠住。对待烦恼，一定要学会"大事化小，小事化了"，对于乐观的人来说，天下本无事，庸人自扰之。一件事你认为它有多大，它就有多大，还不如将事情看得小一点、轻一点。解决得了的，就不要犹豫，马上行动；解决不了的，先搁置、遗忘，等能力够了再去想。

有个男人出了车祸，他的朋友们听到消息后都跑到医院去看望他。只见他的一条腿被撞断了，打上了石膏，正坐在病床上看杂志，朋友们说："无缘无故地断了一条腿，不知道什么时候才能养好，你怎么还能笑得出来呢？"他说："只不过是一条腿断了，总比丢了命好，我为什么不笑呢？"没过多久，男人的单位嫌弃他养病的时间太长，给了他一纸解聘书，朋友们听说后又去看望他。这次，他正戴着耳机，随着音乐哼着流行歌曲，胳膊还在半空中敲着拍子，简直是在庆祝。朋友们说："火都烧到屁股也不知道着急，你以后就没工作了！"他说："我丧失的只是工作，又不是工作能力，为什么要那么着急呢？"又过了一段时间，男人的妻子实在无法忍受他的个性，和别人私奔了，朋友们又去医院看望他。这次，他们想一定会看到男人愁眉苦脸的表情，可万万没想到的是男人却在病房里画着画，看上去好不轻松。朋友们说："你快改改你的个性吧，就是因为这样，你的妻子才跟人跑了。"他说："这并不是我的个性能够决定的，而是早晚会发生的事，我没有理由改变。"一个朋友说："你是不是什么都不在乎，才会这么乐观？"男人说："怎么会？我非常在乎她，时常看着她的照片发呆，可是，她已经走了……"朋友们这才知道，男人并不是什么都不在乎，只是他的心比其他人更宽，更愿意朝前看。

豁达的人不会庸人自扰、不会作茧自缚。无论他遇到什么样的事情，都会首先告诉自己："这其实没什么。"凭借着这样的心态对待烦恼，烦恼会在第一时间内消失在你达观的心态中。

对生活恼怒的人，心灵就像是蒙上尘埃的玻璃，看不清事物的全貌，也看不清事物背后蕴藏的东西。有时候，恼人的事件所带来的不是郁闷的心情，而是某种机遇，可以改变你、成就你，让你找到生活的转折。对待烦恼越是清醒，越能发现生活的本质。生活本是繁杂的，它不会单单给你烦恼让你恼怒，同样会给你额外的惊喜与快乐，就看你能不能发现。

乐观不一定是一种性格，多数情况下，它更是一种选择，你想要获得什么样的未来，此刻就必须有什么样的努力。假如你想要光辉灿烂的前途，面对磨难就要保持微笑，否则如何保持昂扬的斗志，去对抗源源不断的困难？你既可以为现在的不如意怒发冲冠，也可以做一个心平气和的人，百忍成钢，把生活、人际、事业上的烦恼统统当作未来给予的磨炼，以更宽广的心态对待它们，修炼自己，以更长远的眼光看待它们、成就自己。要记住，现实或许是寒冬，可是在你心中，一定要种满春天的花种，等待有一天能开放。

豁达是一种真，更是一种善；豁达是一种完美，更是一种崇高；豁达是一种精神文明，更是一种精神境界；豁达是一种成熟，更是一种升华；豁达是一种形象显现，更是一种身心和谐。豁达需要时间和实践的积淀与净化。大家都豁达起来，一定能形成人人致力于促进社会和谐的生动局面。

第五节　众合之力是道德之金

注重团队意识

我们每个人都生活在同一个社会环境中，每天都会接触到不同类型的人，上演不同的故事，产生各式各样的关系。每个人都看似是一个孤立的单独体，可却又与身边的人有着密不可分的联系。于是，一个新的名词诞生了，那就是"团队意识"。

团队意识指的是整体配合的意识，包括团队的目标、团队的角色、团队的关系、团队的运作过程四个方面。团队是拥有不同技能的人员的组合体，他们致力于共同的目的、共同的工作目标和共同的相互负责的处事方法，通过协作的决策，组成战术小组继而达成共同目的。我们每个人都对他人起到至关重要的作用。团队意识是一种主动性的意识，把自己融入整个团体中，对问题进行分析思考，想团队之所需，从而最大程度地发挥自己的作用。

俗话说得好，"一个篱笆三个桩，一个好汉三个帮"。一个具有强烈团队意识的企业同样具有强悍的凝聚力，而且这股力量能够形成良性循环，足可以吸引更多优秀的人才加盟，从而让企业更加具有竞争力。

打造高效团队，培养员工的团队意识，首要在于与员工的合作。管理者自始至终都要牢记让员工与你合作，而不是为你工作。建立与员工合作的精髓在于管理者必须采取主动，要给员工在工作上的各种支持和配合。假如管理者将员工视为合作伙伴，反过来，员工也会将管理者视为合作伙伴。管理者和员工一道工作，经常会获得非常好的结果。总体说来，成功最主要的决定因素是人们之间的合作，而合作则是改善员工工作绩效的有效的激励。一个团队的员工倘若没有参与感，又不能因为表现出色而得到额外的奖励，那么他们绝不可能在乎品质、效率或是革新等事项。实践证明，增强员工之间的协作精神，让员工激发出同呼吸共命运的集体感，让员工拥有更多的权利和责任感，非常有利于激励员工完成一些具有挑战性的工作。合作可以通过人的心灵"磁力"，使人感到由衷的自豪感，也体会到自身的价值和重要性。

比尔·盖茨曾说过："我最大财富的创造者不是我个人，而是我和我的合作伙伴的团结一心。"由此可见，任何事业的成功不是个人英雄主义的完美体现，而是一种团队精诚合作的精神充分发挥到极致的胜利。

大雁精神

大雁是一种候鸟，春天到北方繁殖，冬天迁徙到南方过冬，而要完成这种空间上的跨越，自然就免不了长时间的飞行。大雁在迁徙的过程中，要么排成"V"字形，要么排成"一"字形，为什么会排成这两种形状呢？科学家

伦理与人生——厚德载物的知识

经过大量的调查研究终于发现了原因：大雁以这种方式飞行要比单独飞行多出 12% 的距离，飞行的速度是单独飞行的 1.73 倍。因为大雁在飞行的过程中，一般是由一只比较强壮的大雁在前面引路，能帮助它后面或是两边的大雁形成局部的真空，减少飞行的阻力，并且领头雁时常发出鸣声，以此鼓励其他的大雁不要掉队。当领头雁感觉到疲倦无力，另外的大雁就会及时替补上，以此保持飞行的速度，大雁就是通过这种团结协作的精神才能够完成长达 1 至 2 个月的飞行。

在雁群进食的时候，巡视放哨的大雁一旦发现有敌人靠近，便会长鸣一声给予警示信号，群雁便会整齐地冲向蓝天、列队远去。而那只放哨的大雁，在别人都进食的时候自己却不吃不喝，这是一种为团队牺牲奉献的精神。

假如在雁群中，有任何一只大雁受伤或是生病而不能够继续飞行，雁群中会有两只大雁自发地留下来守护照顾受伤或是生病的大雁，直至其康复或是死亡，然后它们再加入到新的雁阵中去，继续向南飞直至目的地。

雁阵之优，在于目标一致、前后呼应、互相替补。俗话说，"一个和尚挑水喝，两个和尚抬水喝，三个和尚没水喝"。"三个和尚"是一个团体，他们没水喝恰恰是因为互相推脱、不讲协作。假如说有的人在团队里只是看热闹，不愿意帮助别人，那么他如何对待别人，别人也会如何对待他。一个团体，假如组织涣散，人心浮躁，人人自行其是，甚至出现"窝里斗"的现象，那么这样的团队，就不会被认可，团队精神的核心就是协同合作。没有它，团队就好比一盘散沙。一根筷子轻易被折断，一把筷子折不断……这就是团队协作重要性的最直观的体现。

企业要让自身处于最佳发展状态，团队精神是不可或缺的。培养一支充满团队精神的高绩效的团队，是企业决策层的管理目标之一。要尽可能让该支队伍趋向于有着共同的目标和期望，有着相近或是类似的观念、信念、价值和行为准则，从而形成一种共同的行为模式，团结共进，这就需要公司全体成员的热心呵护。团结共进，众志成城，必须让公司的每个成员都能强烈地感受到自己是雄伟城墙中的一块砖，是不可缺少的一分子。砖与砖之间紧密结合是建立城墙的基础，这种紧密结合就是凝聚力。

在竞争激烈的年代，企业中的每个成员，如果想把工作做好，想获取成功，首先就要想方设法尽快地融入一个团队中去，了解并熟悉这个团队的文化和规章制度，接受并认可这个团队的价值观念，在团队中认识自我、找到自我、发挥自我，把团队当作大海，把自己当作大海中的一滴水。

团队精神是时代的召唤。团队精神，简单地说就是大局意识、协作精神和服务精神的集中体现。当今时代是一个呼唤团队精神的时代。在市场竞争日益激烈的今天，企业的竞争力、战斗力决定着企业的生死存亡。一个企业如果不能成为一个有绩效的团队，就是一盘散沙；一个团队如果没有良好的团队精神，就不会有统一的意志与行动，就不会有较高的绩效。团队精神是企业的灵魂，对于企业来说拥有积极向上、朝气蓬勃、洋溢着时代气息的团队精神至关重要。团队精神的基础是信任成员，尊重他们个人的兴趣和成就，最高境界是全体成员的向心力、凝聚力协调一致。虽然团队里成员就像手指一样各有长短，但他们都有自己的特点，

伦理与人生——厚德载物的知识

只要我们能够拥有一颗相互包容的心，发挥个人的优势，为相同的目标而共同努力、奉献，在工作中相互帮助，相互关爱，共同奋斗，就一定能跨越工作中的重重障碍，取得事业的共同发展。

德国科学家瑞格尔曼做了一个拉绳实验：参与测试者被分成了4个组，每组人数分别为1人、2人、3人和8人。瑞格尔曼要求各组用尽全力拉绳，同时用灵敏的测力器分别测量拉力。测量的结果有些出乎人们的意料：2人组的拉力只为单独拉绳时2人拉力总和的95%；3人组的拉力只是单独拉绳时3人拉力总和的85%；而8人组的拉力则降到单独拉绳时8人拉力总和的49%。

在一个团队中，只有每个成员都最大程度地发挥自己的能力，并在共同目标的基础上协调一致，才能发挥团队的整体威力。团队精神不等于集体主义意识，团队精神比集体主义更强调个人的主动性。长期以来，以传统集权思想为本的中国社会，更看重的是集体利益高于个人利益，个人利益服从集体利益。这样的价值取向发展到极点，集体主义的独特表象就显露出来了，那就是它追求趋同，但埋没了人最本质的东西——个性与特长。而主张团队精神的人认为，诚信、创新是内在的、自律的，所以不可能在强制的条件下发挥出作用来，必须以个人的自由、独立为前提，在此前提下合作的人们才有可能形成一个整体，构成团队。

团队精神具有的重要作用

首先，目标导向功能。团队精神的培养，能让团队成员齐心协力，共同朝着一个目标努力，每个团队成员知道自己做什么才是符合团队目标的。假如一个人知道团队的目标是什么，那么就能知道自己的目标是否正确，就能不断完善自己的行为，而不至于出现偏差。可是，倘若不知道目标跟着大家胡乱干或者无所事事，那么，就可能出现偏差，导致自己工作出现失误。

其次，凝聚功能。团结合作、众志成城，必须让公司的每个成员都能强烈地感受紧密结合就是凝聚力。任何组织都需要一种凝聚力，而团队精神则是通过对群体意识的培养，通过员工在长期的实践中所形成的习惯、兴趣、信仰等文化心理，来沟通人们的思想，促使人们产生共同的使命感、归属感和认同感，反过来逐渐增强团队精神，无形中产生一种强大的凝聚力。员工的凝聚力是企业发展的源泉和集体创造力的源泉。

第三，激励功能。团队精神依靠的是成员自觉要求进步的决心，力争向团队中最优秀的成员看齐。通过成员之间的良性竞争可以实现激励作用，而且这种激励不是仅仅停留在物质的基础上，还要能得到团队的认可，获取团队中其他成员的尊敬等。

第 4 章

掌控航线的总舵手——术业专攻的兴业伦理

　　"术业有专攻"来自韩愈的《师说》，从字面上来理解是这样的：术业，某种专业知识；专攻，专门研究。完整地理解这句话的意思就是：有的人专门研究某项专业知识,在这个过程当中还要不断地充实自己和武装自己，让自己变得越来越强大，只有这样，我们才能够在工作和事业上越来越具备进步的资本，从而使自己能够保持不断进步的状态。

第一节　忠于职守生国力

忠于职守，爱岗敬业，是每一个热爱事业、有责任心的人的基准。因为忠诚使人赢得尊敬，敬业让人得到充实、获得成功，忠诚和敬业能让人感受到踏实和值得信赖。

忠于职守有两层含义：一是忠于职责，二是忠于操守。忠于职责，就是要自动自发地担当起岗位职能设定的工作责任，优质高效地完成好各项义务。忠于操守，就是为人处事一定忠诚地遵守一定的社会法则、道德法则和心灵法则。

忠于职责

1. 增强责任意识

（1）正确面对问题

事物的发展和社会的进步是矛盾运动的必然结果。解决问题、化解矛盾的成效和结果，决定着事物发展的方向和进程。我们的工作每时每刻都会遇到这样或是那样的问题，每个人、每件事，无时无刻不是处在矛盾之中。假如我们害怕问题、害怕困难、害怕麻烦，就不敢正视问题和困难，见了问题就躲避，遇上困难就放弃，那么，问题就会像毒瘤一样越长越大，最终会影响甚至妨碍事业的发展。敢于正视问题、面对困难，是解决问题的前提条件，也是忠诚地履行职责的基础条件。

（2）勇于担当责任

作为干部，尤其是领导干部，就要有担当。假如不愿或是不敢承担责任，就无法将工作做好，就不能促使事业发展壮大起来。承担责任，就要以单位的利益、集体的利益、国家的利益、人民的利益为重；要有大局意识、集体意识和牺牲精神；要不怕吃亏，不计较个人得失；就是要时刻提醒自己要不怕吃亏，勇于担当，敢于负责。

忠于操守

忠于职守，展现了一个人的品格和道德修养。

1.遵守社会法则

做到不违法、不乱纪，这是为人处事的底线，是每一个人必须要遵守的社会准绳。每一个合格的公民都应该做到遵守秩序，举止文明；爱护公物，保护环境；热心公益，关心他人；见义勇为，维护安定；移风易俗，崇尚科学。

2.遵守心灵法则

始终坚持为理想而奋斗，为事业拓展而努力。坚持顽强拼搏、不断追求。坚持"勿以善小而不为，勿以恶小而为之"的行事准则，要坚定不移地走向善之路。人不但要会劳动、会做事儿，还要学会生活，学会调整自己的情绪，不要被鸡毛蒜皮所束缚，要让自己活得更洒脱一些。始终保持积极进取、乐观向上、平静豁达的心态，自力更生，发奋图强。倘若做不到最好，就努力做到更好。

一个个道德楷模抒写着敬业乐群、公而忘私的感人文章，将敬业奉献这一中华美德发扬光大。

狄仁杰忠于职守

唐高宗仪凤年间，69岁高龄的狄仁杰结束了地方幕僚生涯，被提拔到大理任副长官。当时有两个将军因砍伐了唐太宗陵墓上一棵柏树，被皇上定了死罪。本来文武大臣都知道，两位将军不过是在执行公务时误砍了这棵树，依法最多免职就足够了，可是事关皇族威严，为了不惹怒皇上，置国家法律于不顾，让这两位将军倍感委屈，谁也不敢为他们抱不平。判决书层层下发，到了执行部门的狄仁杰手中却给卡住了。狄仁杰来到朝中力谏，认为这两个人罪不至死。高宗对此非常生气，怒气冲冲地说："他们砍了太宗墓上的树，让我背上不孝之名，不杀他们还了得！"两旁朝臣都为狄仁杰捏了一把汗。可狄仁杰却毫无惧色，上前说道："人们都说，做大臣的坚持正义而不怕得罪皇上是件不易的事。可是在我看来未必如此。处在夏桀、商纣那样的暴君朝代或许会有这种情况，可是处在尧舜这样的贤君时代却不同。如今幸逢尧舜明君，想必不会像比干那样因劝谏而被杀头，所以我才敢冒昧进言。"狄仁杰的这番话当真是把高宗说得怒气全消了。狄仁杰继续说："国家有严格的法律，本应依法量刑判罪，可陛下仅仅因为昭陵一棵树就杀掉二位将军，千载之后人们将把陛下看成什么样的君主？"高宗为狄仁杰的忠直敢言所打动，终于免了两位将军的死罪。几天之后，狄仁杰也被升为侍御史。

伦理与人生——厚德载物的知识

有个叫王本立的，是高宗的宠臣，他嚣张跋扈，为所欲为，做了很多坏事，可官员们碍于皇威，都奈何他不得。狄仁杰一担任侍御史，就把王本立的恶行奏明皇上，并将王本立交法司审理。高宗得知此事后赶忙下御旨让赦免王本立，而狄仁杰却拒不执行圣令，他对皇上说："国家虽然缺少英才，难道是缺少王本立这种败类？圣上莫非宁肯怜惜罪犯而破坏国法？假如你一定要庇护他，那么就请先将我发配到不毛之地，好让忠诚直谏的大臣以我为戒。"高宗自知理亏，只得听任法司把王犯判了罪。狄仁杰任侍御史不久，朝廷的风气就有了明显好转，再也没人敢明目张胆地为非作歹了。

为了大唐江山永固，狄仁杰向武则天举荐了不少贤才，并让他们掌握朝廷实权，这对巩固朝政，光复唐室起了推动的作用。除张柬之外，狄仁杰还向武则天推荐了很多具有各种才干的人才，最突出的如桓颜范、敬晖、姚崇等，这些人受任后业绩突出，都位至公卿。其中张柬之、姚崇更是名垂青史的贤相。

李冰父子与都江堰

都江堰建于公元前256年，是战国时期秦国蜀郡太守李冰及其子率众修建的一座大型水利工程，是全世界至今为止，唯一留存、年代最久远、以无坝引水为特征的宏大水利工程，2200多年来仍发挥着巨大作用。李冰治水，功在当代，利在千秋。成都平原能够如此富饶，被人们称为

"天府"乐土，从根本上说，是李冰创建都江堰的结果。

李冰学识渊博，"知天文地理"。他决定修建都江堰以解决岷江水患。李冰经过实地调查，发现开明所凿的引水工程渠首选择不合理，因而废弃了开明开凿的引水口，将都江堰的引水口上移至成都平原冲积扇的顶部灌县玉垒山处，这样可以保证较大的引水量和通畅的渠首网。

从此，蜀地"旱则引水浸润，雨则杜塞水门，故水旱从人，不知饥饿，时无荒年，天下谓之天府"。水利的开发，让蜀地农业生产迅速发展壮大，成为闻名全国的鱼米之乡。

2000多年来，李冰父子凿离堆，开堰建渠为天府之国带来的福泽一直为世人所崇敬、感激。二王庙从古至今不但香火始终鼎盛，而且在历史上一直都有官方以及民间的祭典活动和祭祀活动。形成了以李冰父子为主题人物的每年农历六月二十四日和六月二十六日为中心的庙会活动。

总之，能力来源于忠诚，忠诚胜于能力。只有忠诚而无能力的人是无用之人。忠诚要用业绩来证明，而不是口头上的口号。忠诚是人品，是尽心；能力是本事，是尽力。缺少忠诚，能力就会失去用武之地。单纯注重能力而忽视忠诚是危险的。能力是依靠忠诚学会的，来源于忠诚。忠诚是一种美德，更是一种能力、一种责任、一种精神，我们无论身居何处，职位如何改动，只要具备一颗忠诚的心，我们就拥有了个人全面发展的舞台，就可以为事业做出我们应有的更大的贡献。"忠于职守"才不会成为响亮的空谈，付诸实践才会显得更加有意义。

第二节　商业道德重于山

人，无德而不立。进化论的创始人达尔文曾经说过，就人和动物的区别而言，只有道德感或是良心才是意义最大的。道德是人与人之间交往不成文的无形行为规范和准则，它更是一种价值理念。道德没有法律的强制性，但从某种意义上说，它的调适范围及影响力远大于法律。道德的标准比法律高，表现为一种无形力量。人类社会需要用道德来维系。

商业道德败坏因只顾眼前利益

近些年中国不断曝光的商业造假、诚信问题或许和我们的经济发展过快有密切联系。经济形势好，大家只看重眼前的利益，必然忽视了道德建设。商人、企业家只顾眼前利益和发展机会，所以才会出现违背商业伦理的事件。

商业道德重构的对策

首先，作为消费者，要不断提升自身文化素质和道德水平，辨别真善美与假恶丑。既能唾弃、遏制不道德行为，让违反商业道德者没有市场；又能文明、诚实、守信，给商家正当的商业道德行为提供广阔的空间。与此同时，消费者还要学会保护自身的合法权益，有效地阻止不道德行为蔓延。对违反商业道德行为不予投诉，就是助纣为虐，推波助澜。其次，作为商家要恪守商业道德，文明经商，礼貌待客。尤其是企业经营者，要把商业道德当作无形资产，不断加强商誉意识和经济信用意识，真正认识到讲商业道德可为自己创造更多商机。同时，还要加强企业文化建设，将商业道德意识深深根植于全体职工心中，加强危机感和使命感，坚决不搞只顾自身眼前利益的狭隘满足，而失去商业道德、失去市场和失去未来的短期的"自杀"性行为。

对违反金融、外汇、工商行政管理法规，违反市场管理条例，非法从事工商活动，扰乱市场秩序的行为必须彻底查办。同时，必须坚决惩治违法行为，贪污受贿等腐败行为，维护法律的尊严，促进商业道德健康有序的发展。

知名厂商苏泊尔80多款产品被哈尔滨市工商部门查出不合格，并被强制下架，苏泊尔强调是检测标准不一样；思念水饺被检出金黄色葡萄球菌后，思念公司则表示，"按照新的即将生效的食品安全国家标准，我们被检出有问题的水饺中金黄色葡萄球菌含量是达标的。"在过去几年中，既发生过企业合格产品被权力部门强行贴上不合格标签的冤案，也发生过强势食品企业绑架政府机构让"新国标发生倒退"的事件。标准是大众认知产品性能的底线，如果这个底线成了被个别机构或企业玩弄于股掌之间的橡皮绳，那可不再只是个别企业和行政部门之间的官司，而是危胁到整个社会的隐患。

中文的词汇中有许多与线有关的词，例如，起跑线、终点线；

再比如，高压线、警戒线等等。现实中的这种种线，就组成了不同的游戏规则。同样是撞线，倘若是最先撞到终点线，那就是令人骄傲的冠军；但假如撞到的是高压线，那就可能有性命之忧。实际上，假如没有这些线，游戏将无法进行下去，世界也就会因此而陷入混乱之中。所以，对于企业来讲，这些线不单纯是约束，还是一种衡量对与错、成与败的标准，同时也意味着一种责任、一种保障。

　　故事发生在一个小镇。镇上住着一对贫穷却很快乐的夫妇。丈夫是一位宝石工匠，在镇上开了一个修理店。店面虽然不大，但因为他们的手艺精湛，诚实守信，赢得了很多顾客的光顾。眼看妻子的生日就快要到了，她想要镇上珠宝大商的一串翡翠项链。丈夫为了满足她，没日没夜地干活。妻子生日那天，他带着自己几年来几乎所有的积蓄来到那家珠宝店。来到柜台前，他看到了那串妻子向往已久的项链。上面的标价贵得着实让人难以想象。丈夫知道自己没有足够的钱，而且店主又不肯赊账，只好灰心地摇了摇头。就在他准备走的时候，店主拿出一条仿制的项链。这条项链几乎可以以假乱真，而且价钱要便宜得多。丈夫买下了这条项链。

　　回到店里，往日的大户乔伊太太正拿着他想买的那条翡翠项链来进行修理。丈夫接过项链，在旁边修理。乔伊太太悠闲地看着报纸。这时，丈夫想到了他那串项链，心里闪过一个念头。他慌里慌张地以他精细的工艺换了这两串项链。当丈夫把仿制的项链那给乔伊太太的时候，他就后悔了。他假借还未清洗的借口，换回了那串真项链。乔伊太太欣慰地笑了，对他说："你成功了，你的诚实守信战胜了你心中的邪念。实际上，我在你拿来项链的时候就发现你替换了真品，因为我的小孙子尼奥不小心将一颗翡翠珍珠弄丢了。当时我很失望，可是你突然又改变了主意，换回了项链。是你的诚信帮你获得了它。现在，我把这串项链送给你。记住，诚信可以使你获得你所想要的东西。"说完，乔伊太太将项链送给了他。丈夫获得了他以诚信换来的东西，是诚信让他得到了这一切。

对于企业而言，信用体系是一个不能触犯的底线。在现代商业社会中，商务诚信不是孤立存在的。与社会诚信水平，尤其是政务诚信和司法公信有着密不可分的联系。从已经发生的案例来看，一些企业为了追寻自身的利润最大化，不惜冲破行业底线和道德底线，甚至是法律的底线。

商业道德作为在思想和文化上的一种约束力，其在企业的发展和战略决策中的重要性不言而喻。良好的商业道德所拥有的优秀的企业文化、品牌价值、有力的竞争力，都让企业在内部有着强大的凝聚力，让员工的工作热情和服务意识得到提高，从而让服务质量得到了提高和生产成本得到了降低，为企业带来了巨大的收益；在企业外部，有序的市场竞争力让企业远离商业贿赂和不正当竞争，维护了企业的声誉和知名度，让企业在良好的、正确的发展道路上前进。所以，不难看出，作为企业战略不可忽视的一个重要组成部分，商业道德会直接转变为企业的发展力，为企业的长久性和可持续性发展提供能量。

第三节　医务道德大于天

中华文明是世界最古老的文明之一。在中华文明发端之初，我们的祖先在开展医疗活动的同时，即"催生"了中医的原始医德。从传说中伏羲、神农的"尝百草、制九针"，到张仲景的"勤求古训、博采众方"和孙思邈的"精勤不倦，大医精诚"，再到现代施今墨的一丝不苟和郭春园的无私奉献，中医医德从久远的古代孕育并经历代医家"言传身行"而不断传承演变，经久不衰，是中医学术和中医事业持续向前发展的内在动力。

所谓医德，就是调整医务人员与病人、医务人员之间以及与社会之间关系的行为规范。它是一种职业道德，是一般社会道德在医疗卫生领域中的特殊表现。于医学而言，只有具备了良好的医德，才能真正发挥出救死扶伤的医学人道主义精神，才能真正建立起全心全意为人民服务的思想。

师承授受是中国历史上文化继承的一种重要方式，也是中医药学发展演进的重要方式。中医医德作为一种伴生于中医药学术的道德文化，同样拥有明显的师道继承特点。也正是因为这个原因，其才能前后承继不衰和不断地弘扬光大。这里特别值得一提的是，历史上许多名医收徒授业时首先要考察学生的德行，认为"非仁爱不可托也，非聪明理达不可任也，非廉洁淳良不可信也"，并言传身教，让学生最终成为"即有善艺，又有仁心"的真良医。比如元代著名医家李杲，对弃儒学医前来拜师求学的罗天益问道："汝来学觅钱行医乎？学传道医人乎？"罗天益毫不犹豫地回答：

"亦传道耳。"李杲于是欣然收其为弟子。此后10年里，罗天益既学到了李杲良好的医德，又得到了其医术的真传。

医德楷模——吴殿华

现任冀州市职工医院院长的吴殿华从医五十多年，做事以身作则，事事吃苦在前，敢于担当，用高尚的医德，鼓舞和影响着全院的医务工作成员。五十多年来，吴殿华把科研与治疗疑难危害症结合起来，在医学上取得了几十项重大突破，先后取得12项科研成果，创40项国内外医疗先进技术，有50多篇论文在全国或省级杂志上发表。一切为患者着想是吴殿华的行医准绳，为了患者他甘愿奉献自己的一切。

1960年，冀州董庄年仅20岁的女红旗手刘孟恋在劳动中意外受伤，不仅失去了右手，半截胳膊的皮肤也被勒掉了，在当时的医疗设备和水平下，治疗这样的重伤风险很大。依据当时病人的情况，要想保住胳膊，唯一的办法就是植皮。可割刘孟恋自己的皮肤，她已体弱难撑。吴殿华对其进行抢救时，因手术需要，他毅然从自己身上割下八块皮肤给病人，挽救了她的生命。

从吴殿华身上散发出来的是医生的职业道德精神的耀眼光芒，他对生命的敬畏和关爱之情让我们感动，他在医学事业上的全身心和忘我的投入让我们震撼，他对医生职业的真切感悟令我们深思，想要成为一名好医生，精湛的技艺和高尚的医德必然相辅相成，相互促进，两者缺一不可。高尚的医德情操可以促进医生努力学习，刻苦钻研，勤奋工作，弘扬医学，让医疗卫生工作更好地开展，更好地为人民服务；而高超的技艺则是高尚医德的基础，没有学好医疗知识，救人又从何谈起。作为医学生的青少年朋友，未来将进入各种医疗机构中去工作，担负起救死扶伤的职责，你们的价值观、道德观将直接影响医院医德医风建设。

行医是一种以科学为基础的艺术，你们承载着、体现着社会的精神道德底线。掌握着精湛的医术，并同时拥有着崇高的思想意识，你们才能担负起人类的使命和社会的责任。有这样一个群体，他们以一颗仁者之心；一颗博爱之心，默默地为人类的生命旅途保驾护航，他们就是医者。

药王孙思邈

孙思邈肩挎药包，翻山越岭到长安一带行医，前行的途中，突然看到四个人抬着一口棺材往墓地走。他看见有些颜色鲜红的血液从棺材缝隙里滴出来，他看到这一情景，心中一动，赶紧追上去询问跟在棺材后面哭得很伤心的老妈妈。老妈妈告诉他说，她的女儿因为生孩子难产，死了有大半天了。孙思邈听了这段话，又仔细观察了棺材缝里流出来的血水。他想：如果这个产妇真正的死了，又经过半天多的时间，就不可能再流出鲜红的血液来，于是他断定产妇没有真死，而是由于难产窒息而产生的假死状态。于是孙思邈赶紧叫人开棺进行抢救。老妈妈一听，半信半疑地让人将棺材盖打开了。棺材一打开，孙思邈连忙上前察看。只见那妇女脸色蜡黄，嘴唇苍白，没有一丝血色。孙思邈仔细号脉，发觉脉搏还在微弱地跳动，就赶紧选好穴位，扎下一枚金针，又将身边带的药拿出来，向附近人家要了点热开水，给产妇喝了下去，产妇不但完全苏醒过来了，还生下一个胖娃娃。大家见孙思邈把行将入土的人都救活了，而且是一针救活了两条人命，都不由自主地称赞他是"让人起死回生的神医"。

医德是一种职业道德，是一般社会道德在医疗卫生领域中的特殊体现。不同的职业，因为担负的任务、职务的对象、工作的手段、活动的条件和应尽的责任等的不同，而形成自己所独有的道德意识、习惯传统和行为规范。医德就是从医疗卫生这一职业特点中引申出来的道德规范要求，它主要调整医务人员与病人之间、与医务人员之间以及与社会之间三方面的关系。

医务人员与病人的关系是医德关系中主要的一个方面。医疗卫生工作必须为病人进行服务，医务人员的最高职责就是与疾病、不卫生进行斗争，保护和增强人们身体的健康，医德的好坏直接关系着人命的安危。明代龚廷贤说："病家求医，寄以生死"，说明了医务人员与病人这一医德关系是生死所寄，性命攸关的，它涉及千家万户，男女老少，各行各业，掌管着每个人的生老病死，影响面很广泛。

医务人员之间的道德，是医德关系中处理好医务人员与病人、社会之间关系的重要前提和保障。一个医院，要形成优良的医风、院风，就一定要用社会主义医德来协调医务人员相互之间的关系，凭借各方面的团结协作，互相尊重，互相支持，互相配合，让整个工作有机统一地、有节奏地、有成效地进行。

医疗卫生工作是人类精神文明的一项重要标志，它包括医学科学的建设和医学伦理思想的建设两个方面，都是不可或缺、不可分割的。认为治病只靠业务技术而忽视医德作用的观点显然是片面的，古今中外很多著名医家所以能博得广大病人和社会的欢迎，都是同他们的精湛医术和高尚医德密切相关的。我国社会主义制度的性质决定并要求医务人员在提高医疗技术水平的同时，还必须具有社会主义医德和精神文明，由此体现出的社会主义制度的优越性，并且将它看作是义不容辞的社会责任。医德的好坏直接影响着社会主义优越性在医疗卫生工作中的具体体现。

高尚的医德情操是医务人员开发智力，努力学习，勤勉工作，追求真理，发展科学的积极促进力量。它能激励医务人员为解除患者病痛而积极思考，刻苦钻研和忘我劳动，使医疗工作人员更好地为人民服务。

第四节　教师道德如春雨

在中华民族几千年的教育发展史上，人们对师德师风建设从来就极为看重，历朝历代对教师的德行、修养都有着明确的要求和具体准则。从古到今，教师一直受到全社会的尊敬，原因就在于他们拥有高尚的品德、纯粹的人格、宽广的胸怀、优良的作风、敬业的思想、奉献的精神和渊博的知识。可是，教师的师德师风并非与生俱来，而是在长期的教育和规范下逐步形成的，需要付出长期而艰苦的努力。

唐宋八大家之一的韩愈在《师说》一文里曾经这样说过："师者，所以传道授业解惑也。人非生而知之者，孰能无惑？'故三人行则必有吾师'焉！"所以，老师应该是传授文明、教授知识、启迪心智的天使，是学为人师行为世范的典范。

教书育人是师德的重点。教师的基本职责和道德义务就是教书尽责、育人尽心。明代著名的思想家黄宗羲云："道之示闻，业之示精，有惑不能解，则非师也。"教师不仅授业解惑，更注意教学生做人做事，教之以事而喻德。

进入新世纪，当人们的价值观、人生观改变的时候，教师所面临的一些老问题就变成了新问题，而更多的新问题则是层出不穷。面对信息技术给人们的学习方式、交往方式所带来的深刻变革，面对金钱至上物欲横流的社会，教师要能抵住诱惑，耐得住寂寞，保持一颗冷静平常心。不要只看重腰缠万贯，风流潇洒，也要看到身败名裂，锒铛入狱，甚至丢掉性命的。"不戚戚于贫贱，不汲汲于富贵"，洁身自好，独立于世，这正是教师这一职业的特殊性决定的。做不好人也教不好学。所以，做一个好老师，崇高的师德是第一位的，要一身正气，为人师表。

孔子：善待盲人和狗

孔子既重视礼貌，又强调要有真实的情感。他很富有同情心。本来孔子好唱歌，可是遇到人家办丧事的时候，这一天他就不再唱歌了。在死了亲属的人旁边吃饭，他不曾吃饱过。他看见盲人、穿孝服的人，即便对方年轻，也一定站起来；路上碰到的也赶快迎上前去。

有一天，有位盲人乐师来见孔子，孔子赶紧迎了上去。乐师走到台阶边的时候，孔子就告诉他："这是台阶。"当走到席子边的时候，孔子就告诉他："这是席子。"等乐师坐下以后，孔子又向他逐一介绍了屋子里的人，说："某某坐在这里，某某坐在那里。"送走乐师以后，学生子张便问道："这样不是太麻烦吗？"孔子回答说："接待盲人就应该这样。"有一次马棚失火，孔子赶紧问："伤着人了吗？"并没有问伤没伤着马。孔子的一个学生因事被捕，进了监狱。孔子并没有嫌弃他，认为"他虽然进了监狱，可那并不是他的罪过"，还将自己的女儿嫁给了他。

孔子也很爱惜动物。据说孔子养的一条狗死了，便叫子贡给埋了起来。他对子贡说："我听说，破帐子别扔，好埋马；破车盖儿别扔，好埋狗。我连车盖儿也没有，你就去拿我的破席子把狗盖上吧，别叫它脑袋露着啊！"

蔡元培：称新生为"先生"

当时，有一位叫马兆北的学生，考取了向往已久的北京大学。报到的那天，天空晴朗，天气宜人，马兆北踏着轻快的步伐，迈入了北京大学的校门。谁知刚一进大门，就看见一张公告：凡新生来校报到，一定要交一份由现任的在北京（北平）做官的人的签名盖章的保证书，才能予以注册。

马兆北看完公告以后，雀跃的心情一下子烟消云散，一种被愚弄的感觉霎时间涌上了心头。他怀揣着愤愤不平的心情，给蔡元培校长写了一封信。信中写道："我不远千里而来，原是为了呼吸民主空气，养成独立自尊的精神。不料还未入学，就强迫我到臭不可闻的官僚面前去叩头求情，未免令我大失所望。我坚决表示，倘若一定要交保证书，我就坚决退学。"言语中不免流露出对蔡元培先生为首的校方的不满情绪。信发出去以后，马兆北并没有抱着多大的希望，本来嘛，人家是举国上下鼎鼎有名的校长，自己只不过是一个名不见经传的新入学的学生，会有什么好的结果呢？不过只是借此维护一下自己的自尊，发泄一下自己心中的愤恨情绪而已。于是，马兆北开始收拾行装，准备追求自己新的前程。

谁曾想，过了几天，马兆北突然收到一封来信，猜了半天也猜不出究竟是谁写给自己的信，打开一看，见开头写着"元材先生"（即马兆北先生），急忙再看看下边的署名，居然是蔡元培校长的亲笔："弟元材谨启"。马兆北激动得差点没喘过气来，稳定了一下自己的情绪，急忙观看全文，只见信中写道："查德国各大学，本无保证书制度，但因本校是教授治校，要改变制度，必须由教授会议讨论通过。在未决定前，如先生认为我个人可以作保的话，就请到校长办公室找徐宝璜秘书长代为签字盖章。"

信中表现出蔡元培先生虽然身为一校之长，但他办事绝不擅做主张，独断专行，而是认真遵守学校的规章制度，尊重教授和教授会议所做出的决定，尽管他本人也对交保证书的做法并不赞同。字里行间还表达了蔡元培先生对自己学生发自内心的诚恳之情。马兆北看完信以后，心情很不平静：蔡元培校长在百忙之中，竟然对我这样一个不知深浅的无名小卒以礼相待，真是令人刻骨铭心，难以忘怀。后来，马兆北先生在一篇回忆录中这样写道："这件事使我一辈子受到了深刻的影响。"

杨昌济：伦理教授重言更重行

杨昌济，字华生，后改名怀中，湖南长沙板仓人，是近代知名的学者和教育家。他是戊戌变法的积极参与者，湖南新民学会的精神导师，晚年任北京大学"伦理学"和"伦理学史"教授。他以高尚的道德修养，刻苦学习的精神和严谨的治学态度，培养和影响了毛泽东、蔡和森等一大群有为青年。

1909 年，杨昌济在英国学习。他十分注意研究英国人民的生活风貌，并从中肯定那些值得学习和借鉴的东西。大至言论自由、通信自由，小至不说谎、不随地吐痰、不随便借钱和用别人的钱，等等，他都一一注意观察，加以肯定。他十分赞赏"西洋人于小事亦分明有界限"的习惯，如寄信时，向别人借了邮票一定要给钱；几个人同坐公共汽车，进餐馆，一人付了款，其他人也要把钱凑足交他。杨昌济说，中国人就是不一样，认为这么一点钱不值得还，如果还了，就是轻视出钱者；有时候即使真还钱，受钱者也往往佯推故逊，或伪为发怒，实际上心里并不是真不要。他认为这样做很不好，容易导致伪善。后来杨昌济回国后曾认真实行这种"银钱上权限分明主义"。他在长沙经常要过江授课，有时同舟学生代他交了船钱，他事后一定把船钱还给学生。

杨昌济不仅治学严谨，而且道德高尚，他坚信他的伦理学，努力向学生灌输一种公正、道德、正义、有益于社会和人类的准则。1912年他从伦敦留学回国，正巧，当时湖南都督谭延闿正在罗致人才。听说杨昌济素有声望，就想请他担任省公署的教育司长，但杨昌济婉言谢绝了。他不愿意去逢迎官场的人与事，而是选择了被人冷落的师范学校教员的职务，而且自题了这样一副对联以明志："自闭桃源称太古，欲栽大木拄长天。"

一位学者曾说过："物质的阳光照在人身，只能暖和他们的肌肤于一时，只有精神的太阳才能照临他们心灵深处，才能暖透他们一生一世。"师德就是人民教师心中精神的太阳，有了它，才能照射出对人生境界，才能让一切事物在我们面前放出彩虹，让一切美闪烁着赤诚的爱。教育者承担着人类文明传承的历史使命，继承师德优良传统是提升师资队伍素质的需要，也是创新教育的需要。可是长期以来，我们比较着重于继承原有的师德传统，对于变化较慢的社会大体是可以适应的。而在知识、科技、经济、教育和社会变化不断加快、教师角色已发生变化的时候，这种"继承"已不能适应时代的要求，所以，继承的方法也应随时代的改变而有所改变，在教育创新的大前提下，对师德优良传统的继承应是创新意识下的传承。

因此，教师首先要严于律己，公平，公正，言行一致，坚持原则，有错就改，心胸豁达，庄重热情，同时还要富有一颗爱心。

有人曾说过："如果说教师的人格力量是一种无穷的榜样力量，那么教师的爱心就是成功的原动力。"可以说，教师的爱心能让学生更加健康、顺利地成长。爱学生就要公平地对待学生，爱学生就是要尊重学生的人格和创造精神。把学生放在平等的地位，信任他们，尊重他们，视学生为自己的朋友和共同探索的伙伴，在传授知识的同时也教导他们如何做人。陶行知先生说得好："捧着一颗心来，不带半根草去。"这正是教师无私奉献爱心的楷模。

第五节　文人道德胜于川

要有骨气，有底气

尼采曾说："道德只是对于某些行为的合理解释，其本身是不存在的。"在古代，文人是一个特殊的阶层，他们一直是社会的中流砥柱。古代贤明的皇帝和文官本身都是文人，整个社会都是按照一种文人的思维方式来行事的。文人可以无行，可以有各种各样的臭毛病，可是，他们最重要的两点就是：一要有骨气，二要有底气。

著名诗人、作家、评论家张修林在《谈文人》一文中对"文人"作如下定义：并非写文章的人都算文人。文人是指人文方面的、有着创造性的、富含思想的文章写作者。严肃地从事哲学、文学、艺术以及一些具有人文情怀的社会科学的人，就是文人，或者说，文人是追求独立人格与独立价值，更多地描述、研究社会和人性的人。

衡量一个人，能否称之为一个文人，不单单要能够写出华美的文章，更要能够用自己桀骜不驯、忠贞傲骨的独立精神，细心地洞察这个世界，不被社会上任何一股力量左右，独立地批判这个世界。张载的"横渠四句"——"为天地立心，为生民立命，为往圣继绝学，为万世开太平"，既是对那些成功的伟大的文人的真实写照，也应该成为所有文人一生的座右铭。

文人的独特性格有着深层次的原因。严格来说，仅仅是写文章的人、做文化工作的人不能算作文人，只有符合陈寅恪先生所说的，要有"独立之精神，自由之思想"的人才能称得上是文人。文人是追求独立价值的人，他们要更多地探索社会和人本身。

孔子身处春秋乱世，礼乐崩坏。他周游列国，宣传仁爱主张，却不得施行，但仍然"知其不可而为之"。他自比丧家犬，却依然承担起君子"以天下为己任"的重担。人行走在社会风雨的前端，还能如此乐观地看待即将到来的风雨，可见他拥有非凡的信念与勇气。海燕在暴风雨来临前呼喊："让暴风雨来得更猛烈些吧！"这是精神的领袖在呼唤。

苏轼，或许在他高中状元，甚至任职宰相的时候，都不曾料到自己的后半生将经历这样一场突如其来的转变。先贬黄州，后至海南，此般的辛酸经历很多文人都曾经体会过。可是，有的痛斥当庭，有的苦营山水，只有苏轼一句"归去！也无风雨也无晴"，扫开了萦绕心头的阴云。的确，人生的风雨或许无处可逃，然而真入湿雨中，却也惬意与清净。

开创"魔幻现实主义"的加西亚·马尔克斯曾经只是个小小的报社记者，因为据实报道偷运逃税而被辞退。他在只有九平方米的房间里写作。结婚后，在妻子的支持下，变卖家中所有的财物，闭门潜心写作。最后甚至连邮寄的钱都无法支付。这般破釜沉舟的决心，使马尔克斯如他的偶像海明威一样赢得了诺贝尔文学奖。

认知了这一点，就容易理解这些文人都有共同的特点：像方孝孺一样有骨气，有底气。他们会为了理想而牺牲一切。而这时，他们的那些个性就会被传为美谈了。因为文人是有传统的，他们的传统从古至今没有断绝，他们会把文人的精神传承下去。

要以"仁"达天下

当你们面对社会时，一方面是不能被人侮辱，另一方面是不能侮辱别人。我们要想办法让中国社会杜绝侮辱人格的现象，维护人格的尊严。每年都有成千上万名学生从我们手下经过，我们要将这种理念传下去。我们要相信，通过我们的努力，社会会有所转变。我们要将不尊重人格的现象，从我们这一代开始，一代代努力将它清除掉。

在对人格的尊重这一方面，我们还要弘扬中国文化中最核心的一个词——"仁"，就是仁义道德的"仁"。所谓的"仁"就是富有同情心、慈悲心、悲悯心。的确如此，只有每一个人都拥有遵守规矩的能力，这个社会才有仁义道德。我们现在缺少这些东西，希望在未来能够在这方面有所发展。但是不论有或是没有，我们个人还是可以努力达到儒家所希望的至高境界。所谓至高境界，就是"仁、义、礼、智、信"，从这几个方面入手，传承中国优秀的传统美德。

追求财富和名声，但又要安于清贫

个人生活品质需要不断提高，这当然与钱有着密切的关联，但是更为重要的就是心态。一般来说，正确的心态是追求财富、名声的前提，但也要安于清贫。我们之所以到今天为止还在追寻良好的心态，那是因为我们在寻找一个宁静致远的心境，要在这个前提下去追求财富和地位。正所谓："君子爱财，取之有道。"

气度要大，做事要细

一个人要想成大事首先要有气度，其次是做事情要细心、细致。倘若从《三国演义》中找个典型的话，其实曹操是一个最佳的人选。在历史上，曹操绝对是一个伟大的英雄。曹操能写出"东临碣石，以观沧海"这样的诗句，再加上他"挟天子以令诸侯"的气势，就可以感受到他的才华，而且他绝对是一个胸襟广阔的人，否则不会在关公"过五关，斩六将"之后，还对关公心怀义气。曹操布局做事的时候都特别地细心，甚至他死的时候都展现出杰出的人性。他临终遗言："吾死之后，汝等须勤习女工，多造丝履，卖之可以得钱自给"。这时，你会感受到他的细心，他的人性。所以说，一个人有气度但是缺乏细心，就很容易变成一个做不成大事的人。我们看到有气度的人很多，可是能成事的人却很少。这是因为他们中很多人在做事的时候都缺少细心。细心中涵盖了具体做事布局的细心，包括了与人相处时对人的感情关注的细心等。比如说，你在一群人中间随时能关注到每一个人的感受，而且通过你的关注能够与别人进行交流反馈，让别人对你留下好感，这是一件非常不容易的事。

伦理与人生——厚德载物的知识

第 5 章

不断进取的开拓者——智勇兼全的自勉伦理

　　20 世纪最伟大的心灵导师和成功学大师戴尔·卡耐基说过这样一句话:"勇气是衡量灵魂大小的标准。"人是需要勇气的。勇气,是人们为实现目标而奋斗不息的精神,是为救民于水火、救国于危难时的蹈死不顾的大义,是为了进步、为了发展而勇于打破一切旧的、脏的、恶的信念。有勇气者,方能成大事;没有勇气的人就像失去了脊柱,不能昂扬向前。巴尔扎克曾经说过一句名言:"我唯一能够信赖的是我狮子般的勇气。"勇气,是智慧与力量的体现。

第一节　勇气是一半的智慧

20 世纪最伟大的心灵导师和成功学大师戴尔·卡耐基说过这样一句话："勇气是衡量灵魂大小的标准。"人是需要勇气的。勇气，是人们为实现目标而奋斗不息的精神，是为救民于水火、救国于危难时的蹈死不顾的大义，是为了进步、为了发展而勇于打破一切旧的、脏的、恶的信念。有勇气者，方能成大事；没有勇气的人就像失去了脊柱，不能昂扬向前。

巴尔扎克曾经说过一句名言："我唯一能够信赖的是我狮子般的勇气。"勇气，是智慧与力量的体现。成吉思汗征服天下，他所具有的是何等的勇气，何等的智慧。他军事才能卓越，用兵如神，一次次攻克敌人的军营，在众敌面前，他从未退却过。他又如何能不怕呢？只是他有勇气，他有赢得天下的勇气。勇气是通向成功的桥梁，是成功打开心门的一把钥匙，是航海时通向岸边的一盏灯。

勇气，是战胜困难的坚强后盾。莱特兄弟如果没有勇气，他们就不可能发明现在人人都需要的飞机。李时珍如果没有勇气，他就不会冒着生命危险去尝试各种草药，然后编写出《本草纲目》。袁隆平如果没有勇气，他又怎么会研制出杂交水稻，成为"杂交水稻之父"。

人是需要勇气的。没有勇气的人就像失去了脊柱，直不起腰，挺不起背来，只能匍匐在人生之路上，阳光照不到他的身上，幸运女神也绝不会眷顾他。纵观历史，没有哪一个伟人名士缺乏勇气。正因为有了勇气，他们才变得出类拔萃，能站在时代的巅峰傲视群雄。伽利略的勇气在于他不迷信书本，敢于向权威挑战，于是有了历史上著名的"比萨斜塔实验"，物理学便翻开了崭新的一页。哥白尼、布鲁诺为什么名垂千古？不仅是因为他们在学术上成就卓著，更重要的是他们是真正的勇士，即使受到生命的威胁，仍然坚持科学真理。至今人们在鲜花广场似乎还能听到布鲁诺直到生命最后一刻，仍坚定宣传"太阳中心说"的铿锵语调。

在飓风中潜水排污

理查德·琼斯位于密西西比州比洛克西的房子里的天花板塌了下来，这意味着他家的屋顶已经被飓风卷走了，但琼斯认为这是个好消息。8 月 29 日下午，"卡特里娜"飓风在离琼斯家 0.8 公里远的海岸登陆，它掀起了 30 米高的巨浪。53 岁的高中历史教师琼斯知道，洪水将很快从比洛克西湾涌入市区，但最令他担心的还是洪水带来的垃圾残骸会堵塞市区的下水道，从而使像他这样住在内陆的人也会被洪水吞没。

这时，琼斯的一个业余爱好让他有了行动的勇气—他从 6 年前开始就爱上了潜水。当洪水到达时，琼斯立即穿上潜水服、戴上水中呼吸器，毅然走进了时速高达 160 公里的狂风中。通常在平静的佛罗里达海岸潜水的琼斯说："我最担心的还不是水底下的东西，而是被狂风带来的残骸击中。不过那些洪水的确又脏又臭。"但琼斯还是潜了下去，他在湍急的洪水中找到了一个个下水道入口，并将它们清理干净。

当洪水开始退去时，比洛克西市有上百所住宅被摧毁，几十人遇难，但琼斯家和附近邻居没有受到多少损失。沙朗·帕克是琼斯的一位邻居，她说，多亏了琼斯，才使他们一家13口幸免于难。帕克说："我们看见穿戴好行头的理查德走进了水里，孩子们认为这景象挺有趣，但我们都知道是他挽救了我们的家。"琼斯则说："我只是做了我认为应该为我的家人和邻居做的事，而且我正好有这样的装备和能力。"在飓风中，琼斯一家遭受了3万美元的损失，他们不得不重新更换了屋顶。帕克说，热心是琼斯的一贯作风，飓风过后琼斯让在佛罗里达的弟弟送来了冰冻食品、牛排和其他东西，并将这些与邻居共同分享。帕克说："就算在平时，你也找到不到比他更好的邻居了。但他的所作所为已经超出了一个好邻居的范围，我们都非常吃惊和感激。"

救了70条命的牧师

2004年12月26日上午9时，当海啸袭击斯里兰卡东部城市提鲁克沃维尔时，兰吉万·夏维尔牧师正在圣约瑟夫教堂里为教徒做弥撒。经验丰富的夏维尔牧师立即让教徒撤往地势较高的地方，自己则卷起长袍向几百米外的海滩跑去。

30岁的兰吉万牧师说："我几乎立即发现了一个女人

躺在一个栅栏上，她的长发被铁丝网绞住了，完全动弹不了。我们这里以前也有过洪水，但我从未见过这样的大浪。我抱起那个女人，将她放在了干燥的高地上，然后又折了回去。"很快，提鲁克沃维尔的大部分地区都被海水淹没，赤裸的尸体散落在各处——威力巨大的海浪将受害者的衣物都卷走了。那一天里，兰吉万牧师总共从水中救出了70多人，并打捞出200多具尸体。他说："海啸降临时，大家都在寻找自己的妈妈或者孩子，作为一个牧师，救人是应该的。"

在斯里兰卡，安帕拉周边地区是受灾最严重的，全国3.8万名遇难者中有1万名来自安帕拉，其中包括提鲁克沃维尔的6000人，而这个小镇上的人口只有6万。兰吉万牧师说，他在海滩旁的两个集体墓穴里共埋葬了750人。他大约花了一个星期的时间处理有关死者的问题，此后兰吉万牧师就与援救组织合作，分发自己撰写的有关海啸知识的小册子，夜里还进行巡逻，防止出现抢劫等违法现象。此外，他还帮助开办了一个教师培训机构、一个寄宿学校、一个托儿所、一个营养中心等。兰吉万牧师甚至鼓励孩子们重新到海边去玩。

兰吉万牧师相信，海啸也带来了好的东西。例如，各种救援物资涌向了这个贫困地区，灾难使不同宗教的人更加融合，也使斯里兰卡长达22年的内战有了结束的机会。

生命中不能缺少勇气。在人生的旅途中我们总会遇到各种挫折和磨难，这时候，我们需要勇气，用它来武装自己，披荆斩棘，以到达人生的巅峰。拥有勇气，你就有了风帆，一路乘风破浪；

拥有勇气，你就有了开道的长戟，一路过关斩将；拥有勇气，你才拥有完整的人生。

鲁迅先生曾说过："伟大的胸怀，应该表现出这样的气概——用笑脸来迎接悲惨的命运，用百倍的勇气来应付自己的不幸。"所以，在国家随时都有灭亡危险的情况下，他怀着救国的心弃医从文，却不料，"横眉冷对千夫指"，尽管呐喊，却依然还是悲哀的场面，"忍看朋辈成新鬼"，刺骨的寂寞使人心寒。面对事业的挫折，经历了彷徨，鲁迅终于鼓起勇气，"我以我血荐轩辕"，呐喊起来，一定要用笔改变中国人的精神，拯救更多的灵魂，经过不懈的努力，鲁迅及鲁迅精神最终成为民族的脊梁。

贝多芬曾经失聪，无声的世界弥漫着绝望悲痛。面对命运的挫折，他选择了用勇气去不懈地战斗。在抗击厄运中，悲壮激越的《命运》交响曲，奏响了他命运的最强音。勇气能够减轻命运的打击，直面挫折，需要"一往无前，义无反顾"的决心，也需要百倍的信心和顽强的毅力。

人生短短数十载，怎能一路平坦，难免会有挫折和难关，泱泱数千年怎会没有险阻和艰难？敢于直面惨淡的人生的是人间的勇士，敢于正视历史风雨的则是伟大的民族脊梁。面对挫折时，用勇气去战胜挫折，这是失败的终点，也将会是辉煌的起点。无论是个人还是整个民族，告诉他们："雨后的彩虹，必然预示着灿烂的明天。"

给自己一些勇气，重拾以前的记忆，美好的，失落的，去一片片拾起，记忆的碎片里，光阴总是刻画了无法比拟的岁月沉淀，五彩斑斓，晶莹漫天；给自己一些勇气，扎实地踏下每一个脚印，陷入土地的印迹不仅是岁月的留痕，更是一个航标，引导以后的你去追寻；给自己一些勇气，眺望未来的希望，做好一个个规划的起始，更完美地走好每一步，使得自己的人生旅途充满爱的足迹；给自己一些勇气，去发现生活中的美，一个个笑脸背后的秘密。给自己一些勇气，以自己的名义，在生活中留下属于自己的轨迹。

第二节　行动中忘掉恐惧

每个人都曾担惊受怕过，每个人都曾忐忑不安过，恐惧是我们每个人不想面对、但却又不得不面对的东西，我们每个人都不想与恐惧结识，但每个人对恐惧都是十分地熟悉。我们为什么会恐惧？恐惧真的不可战胜吗？

克服内心的恐惧

心理的恐惧是很难克服的，但并不是不能克服，只要我们努力了，相信会有效果的，即使不能彻底克服恐惧，至少也可以使之减轻一些。想想那些为革命牺牲的人，在面临枪林弹雨、雪地沼泽、摧残身心的酷刑考验时，自己所面临的困难又算什么呢，有什么值得恐惧的？这个世界上没有打不倒的敌人。人只有征服自己，才能征服世界。有一位伟人曾经说过："对很多人来说，恐惧是一道障碍，阻碍了大家的发展，而事实上，它只是一种幻觉，任何恐惧都只是幻觉，你以为有东西挡着你的道，其实那压根儿就不存在——你必须竭尽全力去争取成功的机会。"

任何事物都是两面的，机会常常伴随着危机而来。人生正是如此，当你处在最危急的关头时，机会往往会随之而来，而当你处境艰难险恶时，曙光也即将叩响你人生的大门。正所谓"山重水复疑无路，柳暗花明又一村。"恐惧的降临，是因为我们常常认为面对的事情和任务是不可能完成的。常言道，"变不可能为可能"，这句话值得我们每个人去学习、去运用。

面对困难，恐惧只能使你走向失败。只有勇气才能引导你走出逆境。

世界上没有什么比勇气更美好、更有力量的了，也没有什么比怯懦更残酷无情。我们常常在事件未发生时，就幻想出事件种种悲惨的结局而不必要地自寻烦恼，杞人忧天，其实对事情结局的恐惧和担心比事情本身更可怕。恐惧只能导致事情的结局更糟。但镇定沉着往往能克服最严重的危险，使之化险为夷。对一切祸患做好准备，那么就没有什么灾难值得害怕了。

生活是一面镜子，当你朝它微笑时，它也会朝你微笑；如果你双眉紧锁，向它投以怀疑的目光，它也将还你以同样的目光。因此，恐惧是我们的心魔，虽然它由外在环境引发而来，但最主要的还是我们自己的思想，战胜恐惧就是战胜自我的一个过程。

乔布斯说："没有人愿意死，即使人们想上天堂，也不会为了去那里而死。但是死亡是我们每个人共同的终点。从来没有人能够逃脱它。也应该如此。因为死亡就是生命中最好的一个发明。它将旧的清除以便给新的让路。你们现在是新的，但是从现在开始不久以后，你们将会逐渐地变成旧的然后被送离人生舞台。""'记住你即将死去'帮我指明了生命中重要的选择。因为所有的荣誉与骄傲，难堪与恐惧，在死亡面前都会消失。我看到的是留下的真正重要的东西。当你担心你将失去某些东西时，

'记住你即将死去'是最好的解药。如你能够清空一切，你没有理由不去追随你心。"

心理课堂：四个步骤克服害怕

一、认识害怕

你最害怕的是什么？害怕自己的公司会破产；害怕自己永远都找不到生命中那个特殊的人；或者害怕会失去你爱的人？这些害怕的消极情绪会时常影响你的生活，影响你去追逐自己的目标。扪心自问，你到底害怕什么？由于害怕，你可能会有这些表现：

拖延。你是不是有拖延到最后一分钟的习惯？这样一来崇尚完美为可能的失败找一个理由，但是这样做的话，你就平白无故地创造了一个你希望能够避免的失败。

怠慢。你是不是有被自己的不安全感和不确定性压得喘不过气的感觉？你是不是就这样放任害怕心理把你彻底击垮，与千载难逢的机会擦肩而过呢？对成功的担忧实际上是害怕自己成功以后可能的失败。

反应过激。你是不是易怒、排外，或者表现得很有侵略性？如果你害怕失败的话，你可能会发现你的反应会比以前对于类似情况的反应强烈许多。你的害怕心理是不是让你做出这种反应而不是冷静地对待生命呢？

沉溺。你会不会通过自残来减轻自己的压力？你会不会已经对害怕的心理感到麻木了，因为你完全找不到方法来克服它？

二、了解害怕

如果你站在悬崖边那块摇摇欲坠的地面上，害怕的心理会让你的机体产生肾上腺素以提示你危险的存在。你可以利用害怕的心理来让自己重新站回到安全的地方，或者你可以完全不加理会，当然那样的结果很可能就是，掉下去。一旦你已经失足，那世界上再怎么积极的想法都救不了你了。在你参考这四个步骤来继续前进之前，先确定你确实需要克服害怕的心理。因为害怕是你的机体给你拉响的警报，但是也可能会在不需要的时候响起。是上帝在用让你害怕的方式暗示你你的选择有危险，还是你确实应该不顾害怕而勇往直前并最终冲破重围实现目标呢？人生经验会让你变得过于谨慎，害怕冒险的心理可能使你错失良机。人生需要权衡，如果你决定了你要走出害怕的话，那么你就能做到。为了集中注意往积极的方面想，克服害怕的心理，你必须首先了解它。最坏的情况会是怎么样？把如果你失败的话意味着什么都写下来，看着答案会让事情变得更具体。如果世界末日到了，这些又何足挂齿呢？你会家破人亡吗？你会名誉扫地吗？你担心失败会让所有这些消极的事情一一发生吗？你会想一旦失败，你就一文不值了吗？把这些害怕失败所传达给你的信息记录下来。

三、拥抱害怕

一旦你获得了害怕所带给你的信息，用积极的想法来重新放置它们。你可能会失败，但是通过一次次的失败，你离成功越来越近了。你的身份并不会因为一次次的失败而改变，你将成为你所想成为的，正视害怕，创造成功。你可以从那些鼓励你的人那儿获得支持，但是还是要做你自己的拉拉队长。

害怕是你的朋友。当它提醒你你所做的决定不利于实现你的人生目标时，可以帮助你通过改变方法来避免给自己的人生留下悔恨。如果它想要给你的成功之路设下重重阻隔，那么它是在给

伦理与人生——厚德载物的知识

你机会不断提高自己，走出过去，成为一个更优秀的人。不受害怕的影响生活下去的秘诀就是拥抱害怕。

销售人员的恐惧多半来源于"不敢与人打交道"，我们管这个现象叫作：缺乏人际勇气。新的销售人员在这一点上尤为明显，由于缺乏人际勇气而遭到淘汰的销售人员高达 40% 以上，这些人多半是在入职后不长的时间就暴露出这样的问题。记得第一次进行销售的时候，由于公司的产品是建筑用的设备，我们必须到客户的工地进行推销。由于自己刚刚进入这个行业，人生地不熟，没有什么客户资源，所以采用了最笨的方法，就是看到哪里有塔吊就到哪里去推销，我们管这种方式叫作"扫地"，现在想想，这个名字还是很形象的。我在北京的三环路上发现了一个新工地，第二天一早我就骑着自行车到工地去拜访，这是我第一次拜访客户，我对于将要发生的销售状况忐忑不安，人家会怎样问我、会不会让我下不来台或者干脆直接把我轰出来等等，总之在路上设想着各种让我担心的事情，这一路真的是太艰难了，我还是不断地鼓励自己：一定要进门，一定要进行我的第一次推销。终于到了工地的门口，我停好了自行车，在工地的门口反复地走动，就是没有胆量进去，这种状态持续了 30 多分钟，最后还是骑着自行车又回来了，在回来的道路上，我如释重负地不断安慰自己，我已经来过了明天再来，但是明天仍然是这样，在门口犹豫了半天之后打道回府。回去之后，感觉自己可能真的不太适合做销售，我真的感觉有一种无形的恐惧，第三次，我给自己做了一个决定，如果这一次再进不去门，我将不再做销售，改行去做别的。第三次我成功了，而后我成为公司的销售精英。

四、利用害怕

你有曾经因为害怕心理的阻碍而失去了什么吗？不要表现得愤怒或者沮丧，你应该做的是激励自己走向未来的成功。你是否因为害怕可能面对的障碍而害怕梦想？克服害怕，伟大的事只有你能够完成，现在就行动起来吧！

"天下本无事，庸人自扰之。"人的恐惧是天生的，他们不时地担心这个或者是担心那个，生怕什么事情做得不好，丢失已经得到的。我们发现可能正是由于人们的这种担心，才使得他们更加慎重与努力。对于一般的职位来讲，恐惧可能还是有很多的好处，但是对于销售人员来讲，将是有百害而无一利。

第三节　倡导义理之勇

宠辱不惊，心存大勇

孔子对"勇"的理解是见义勇为，敢于担当，知错必改。"勇者不惧"是儒家所追求的重要精神境界，也是君子应具备的重要美德之一。

孔子云："仁者必有勇，勇者不必有仁"，强调有仁德的人必定勇敢，而勇敢的人则未必一定有仁德。从这个角度而言，儒家所倡导的不是一时冲动的"血气之勇"，而是见义勇为的"义理之勇"。

孔子还说："君子有勇而无义为乱，小人有勇而无义为盗。"

伦理与人生——厚德载物的知识

孟子则追求"富贵不能淫，贫贱不能移，威武不能屈"的大丈夫精神。在儒家看来，"仁""义"是第一位的，"勇"是第二位的。

据《庄子·秋水》记载：孔子周游列国，到了卫国匡城，被士兵包围了好几圈，孔子的琴声和歌声一直没有停过。子路跑进去见孔子，不理解地问："老师怎么还有闲情弹琴唱歌呢？"

孔子说："仲由，让我来告诉你吧！我想摆脱困境已经很久了，可还是不能避免，这是天命啊。我想寻求通达已经很久了，结果还是不行，这是时运不济啊。碰上了尧舜那个时代，天下没有失意的人，这并不是人们的智慧高明；碰上了桀纣那个时代，天下没有得意的人，这也并不是人们的智慧低下，是时势造成这样的。世界上有很多种勇敢，在水中行走不避蛟龙，是渔夫之勇；在陆地上行走不畏野兽，是猎人之勇；在刀光剑影之中仍能视死如生，是烈士之勇；而处变不惊，面临大难而不畏惧，知道穷困是因为天命，通达是由于形势，则是圣人之勇。雪白的刀子架在面前，把死亡看作和生存没有区别的，是壮士的勇气；知道穷困是命运，知道通达需要时机，面临大灾难而不会畏惧的，需要圣人的勇气。仲由啊，安静些吧！我的命运上天已经安排好了。"

没有多久，带领士兵的将官进来了，抱歉地说："我们以为您是阳虎，所以把您围了起来；现在我们知道您不是，很对不起，我们在此向您道歉并撤退士兵。"阳虎是鲁国贵族季氏的家臣，曾经侵犯卫国匡城百姓，当地百姓痛恨他。孔子面貌像阳虎，所以发生了误会。

虽然是虚惊一场，但孔子所表现出来的大无畏精神确实值得人们钦佩。

勇敢果断

　　子路曾经问自己的老师孔子，如果带兵去打仗，他愿意和什么样的人共事？孔子回答说："暴虎冯河，死而无悔者，吾不与也。必也临事而惧，好谋而成者也"（《论语·述而》），"暴虎"、"冯河"皆出自《诗经》，意思是徒手搏虎，徒步过河，孔子不会和这样死了也不后悔的莽夫共事，他愿意共事的人一定是那种遇事谨慎、善用计谋而又善于决断的人。"好谋而成"是孔子非常赞赏的行事风格，"好谋"即注重谋略，"成"关注的是决断力。

　　在关键时刻，勇于承担风险，敢于拍板，应该成为领导者的使命和责任。诸葛亮的空城计之所以能够奏效，引两个童子登上城头，潇洒抚琴，而让城门洞开，就让司马懿的 15 万大军主动撤退，在于他摸透了对手司马懿的思维方式："亮平生谨慎，不曾弄险。今大开城门，必有埋伏。我兵若进，中其计也。"可见，诸葛亮的空城计既是智慧的杰作，也是勇气的结晶。而这种勇气不光体现在诸葛亮当机立断的决绝上，也体现在他临危不惧的风范上。如果诸葛亮在抚琴时手腕发抖，琴声发颤，这出空城计必然会被司马懿识破。

　　同样道理，在现代不确定性的环境下，企业家如果犹豫不决，往往会丧失良好的发展机会，最终悔之莫及。所以说，企业家既需要独具慧眼，又需要胆识过人，勇敢果断才能促成企业飞跃式的发展。李嘉诚的成功就与他决策之勇密不可分。在"文化大革命"期间，香港左派将大字报贴至港督府，导致港督方面的暴力镇压。由于香港各界谣传纷纷，香港出现了二战后第一次移民高潮，许多人纷纷低价抛售自己的不动产。李嘉诚在冷静分析之后，断言这只是暂时现象，趁许多人大举抛售房地产的时候果断买入，选择了一个"逢低介入"房地产市场的良好时机。

培养自己的勇敢精神，必须善于克制自己。一个人与他人的邪恶作斗争固然需要勇气，而向自己的缺点错误进攻则更需要勇气。古人云："赴汤火，蹈白刃，武夫之勇可能也；克己自胜，非君子之大勇不可能也。"勇于正视自己的过失，勇于承认和改正自己的错误，也是勇敢精神的一种表现。

老子说："善为士者不武，善战者不怒，善胜敌者不与。"善于做将帅的人不靠勇气，善于作战的人不靠强悍，善于战胜敌人的人不和敌人对阵。这是因为用兵的人精通战略战术，会用智谋，以奇用兵，不战而屈人之兵，所以用不着死拼，也不必赤膊上阵，逞强斗狠。

北宋著名文学家苏轼，在他的《留侯论》一文中，进一步发挥了孟子的这个观点。文中写道："匹夫见辱，拔剑而起，挺身而斗，此不足为勇也。天下有大勇者，卒然临之而不惊，无故加之而不怒。此其所挟持者甚大，而其志甚远也。"

这段话的意思是说，一般人在面临侮辱和冒犯时，往往一怒之下，便拔剑相斗，这其实谈不上是勇敢。真正勇敢的人，在突然面临侵犯时，总是镇定不惊。而且即使是遇到无端的侮辱，也能够控制自己的愤怒。这是因为他的胸怀博大，修养深厚。

匹夫之勇，即是血气之勇，表现出来的就是，无容人之量，易怒。易怒，也容易造成不良后果。

要克服匹夫之勇，自然要"制怒"，但是最重要的是，要有远大的志向、宏伟的抱负、冷静的头脑、豁达的胸怀、容人的雅量。要不断地提高自身的道德修养，这样才能成为一个如孟子和苏轼所说的有"大勇"的人。

丰富的生活充满冒险的机会，但是绝不该是单凭莽撞的匹夫之勇就能算数的。冒错误的风险比根本都不冒险更糟。虽然有些大胆的投机分子偶有成功之机，但是那种风险完全依凭机会，而不是靠冒险家本身的实力，所以所得的成功概不可靠，他能肯定自己的法子也唯有一次又一次的冒险了。

小勇完全凭借个人力气血气，大勇凭的是仁智义理；小勇争强好胜，力敌一人；大勇则不一样，其最高境界乃文王之勇和武王之勇，可以"一怒而安天下之民"。荀子的小人之勇相当于孟子的小勇，狗彘之勇、贾盗之勇比小勇更为不堪，共同点都是从自己的利害关系出发，并因此危及他人。"士君子之勇"则不然，他们是为了正义，为了公利，相当于孟子的大勇。

总之，大勇是一种践履仁道、追求真理、捍卫正义的修养和行为。"磨而不磷""涅而不缁"的品质，"士不可以不弘毅"的意志，"知其不可而为之"的精神，当仁不让的责任感，"见危授命"成仁取义的气概，勇于改过、见义勇为、守死善道等等行为，皆大勇也。

第四节　欲望开拓力量

印度的克里希那穆提曾说过："对欲望不能理解，人就永远不能从桎梏和恐惧中解脱出来。如果你摧毁了你的欲望，可能你也摧毁了你的生活。如果你扭曲它，压制它，你摧毁的可能正是非凡之美。"

欲望这个词，让许多人望而生畏，有许多人，把它看作是道德的败坏，行为的不齿。实际上，这种评论歪曲了欲望的本身，给本来中性的欲望披上了罪恶的面纱。欲望，每个人都有。但并非每个人都认识它，了解它，甚至控制它。认识欲望是有用的。欲望决定人的一切言行举止、思想情感。可以说，人类的一切言行举止、思想情感都可以用欲望做出解释。如果能够认识它，我们岂不就能更好地把握人性，了悟人生，任游于人世间。所以我们需要深入地剖析它、把握它，从而驾驭它，让它更好地给人类带来福音，进而得到更大的满足。它是上天赋予人类的法宝，岂能视而不见，不理不睬。研究它是我们的权利，更是我们的义务。

欲望有好有坏，没有人有权力去说欲望怎样，因为它本身就是一体两面的。有些人，看到了欲望的正面，却无暇顾及欲望的阴暗面，使得自己堕入罪恶的深渊。欲望变幻莫测，但它始终是人的思想的开端以及终结。有些人摒弃欲望，实际上这些人都是错误的理想主义者。

人只要有目的，就有欲望。目的是欲望。否定欲望就是否定自己是人，甚至否定自己是生物。欲望是没有终极之说的，除非人类社会灭绝。"无欲则刚"之说是正确的。但这里的"无欲"并不是真的没有了欲望，只是欲望的层次提高了、扩大了，抑或降低了、减少了。对从来说，欲望是人人都有的，无时不在的，伴其终生的。只要人活着，人就有欲望。欲望不能也不应被消灭，而只能去引导、去驾驭。

苏格拉底收学生

　　有一位年轻人，想向大哲学家苏格拉底求学。有一天，苏格拉底将他带到一条小河边，"扑通"一下，苏格拉底就跳到河里去了。年轻人一脸迷茫：难道大师要教我游泳？看到大师在向自己招手，年轻人也就稀里糊涂跳进河里。没想到，当他一跳下来，苏格拉底立即用力将他的脑袋按进水里。年轻人用力挣扎，刚一出水面，苏格拉底再次用更大的力气又将他的脑袋按进水里。年轻人拼命挣扎，刚一出水面，还来不及喘气，没想到苏格拉底第三次死死地将他的脑袋按进水里……最后年轻人本能地用尽全身力气再次拼命挣扎出来，他本能地拼命往岸上跑，爬上岸，他指着还在水里的苏格拉底说："大，大师，你到底想干什么？"没想到苏格拉底理都没理他，爬上岸像没事一样就走了。年轻人追上苏格拉底，虔诚地说："大师，恕我愚昧，刚才的一切我还未明白，请指点一二。"此时苏格拉底似乎觉得年轻人尚有可教的可能性，于是，站定下来，对他讲了一句著名的话："年轻人，如果你想向我学知识的话，你就必须有强烈的求知欲望，就像你有强烈的求生欲望一样。"

子贱放权

　　孔子的学生子贱有一次奉命担任某地方的官吏。当他到任以后，却时常弹琴自娱，不管政事，可是他所管辖的地方却治理得井井有条，民兴业旺。这使那位卸任的官吏百思不得其解，因为他每天即使起早摸黑，从早忙到晚，也没有把地方治理好。于是他请教子贱："为什么你能治理得这么好？"子贱回答说："你只靠自己的力量去进行，所以十分辛苦；而我却是借助别人的力量来完成任务。"

现代企业中的领导人，喜欢把一切事揽在身上，事必躬亲，管这管那，从来不放心把一件事交给手下人去做，这样，使得他整天忙忙碌碌不说，还会被公司的大小事务搞得焦头烂额。

其实，一个聪明的领导人，应该是子贱二世，正确地利用部属的力量，发挥团队协作精神，不仅能使团队很快成熟起来，同时，也能减轻管理者的负担。

在公司的管理方面，要相信少就是多的道理：你抓得少些，反而收获就多了。管理者，要管头管脚（指人和资源），但不能从头管到脚。

欲望是分层的，有大小的，也是可以分类的。按照冯友兰对人选的思想境界的划分，欲望也可以被分为：自然境界、功利境界、道德境界、天地境界。自然境界在于基于本能，按照常理而为。功利境界在于意识的觉醒，主动地索取。一切的所为都是为了索取。道德境界在于觉解了悟，一切的所为都为了给予。天地境界在于知人事，识万物，上升到宇宙层面。人不仅要对人类做出贡献，对宇宙也应做出贡献。

欲望是可以控制的，可以相对均衡的。当欲望膨胀时需要用更高层次的欲望来控制。欲望的均衡可以使人们彼此都不会觉得低人一等。但均衡是暂时的，不可长久。这是欲望本身所决定的。

欲望受到客观条件的限制、打压，也会降低消退。欲望的种类有很多，但共同特征只有一个：追求更大程度的满足。欲望能帮助人更好地发展进步，也注定了人类最终会因其而亡。成也欲望，败也欲望。

欲望是客观存在的，就像人的意识，与生俱来。欲望也是意识的动力之源。欲望没有感情色彩，没有好坏之分。它只是基于自身的不同方面的表现和人类的不同标准，而被给予不同的评价，被强加于各种名分。欲望的存在是人类基因所决定的，它是人求生的必需品。人类不仅追求活着，也追求更好地活着。因为物竞天择，适者生存。人类不进步就要被淘汰，而欲望正好赋予了人类这种 动力。

欲望不被满足，会让人感到不悦，以及失落感，不满意。这种情绪不太健康，甚至是有害的，应当加以控制，合理引导。若想消除其不良后果，就应当降低期望度。因为期望越大，失望越大。也可以提升欲望的层次，如此便可轻易得到满足，或者有很高远更阔达的心境。欲望本身虽无好坏之分，但它会产生好或者坏的结果。所以对欲望要谨慎对待。

欲望，构成了生命延续的原动力。一个欲望的满足，往往也是下一个欲望的开始。如果一个人丧失了欲望，生命对他也就不再有意义。

在欲望的推动下，人不断占有客观的对象，从而同自然环境和社会形成了一定的关系。通过或多或少地满足欲望，人作为主体把握着客体与环境，和客体及环境取得同一。在这个意义上，欲望是人改造世界也改造自己的根本动力，从而也是人类进化、社会发展与历史进步的动力。

但正如弗洛伊德指出的："本能是历史地被决定的。"作为一种本能结构的欲望，无论是生理性或心理性的，不可能超出历史的结构，它的功能作用是随着历史条件的变化而变化的。因此欲望的有效性与必要性是有限度的，满足不是绝对的，总有新的欲望会无休止地产生出来。由于欲望这种不知餍足的特性，欲望的过度释放会形成破坏性的力量。

叔本华说过，欲望过于剧烈和强烈，就不再仅仅是对自己存在的肯定，相反会进而否定或取消别人的生存。用"上帝的命定"或"天理"来取消或压制别人的欲望是不合理的，但过度推崇与放纵欲望也是愚蠢的。欲望不是纯粹的、绝对的东西，它需要理智的调控与节制，它也绝不可能像有人声称的那样是文明发展的唯一动力。

第五节　大智大勇才能大成

明辨时势

宋代沈括所著的《梦溪笔谈权智》中，讲了这样一个故事：北宋名将曹玮有一次率军与吐蕃军队作战，初战告胜，敌军溃逃。曹玮故意命令士兵驱赶着缴获的一大群牛羊往回走。牛羊走得很慢，落在了大部队后面。有人向曹玮建议，"牛羊用处不大，又会影响行军速度，不如将它们扔下，我们能安全、迅速赶回营地。"曹玮不接受这一建议，也不作任何解释，只是不断派人去侦察吐蕃军队的动静。吐蕃军队狼狈逃窜了几十里，听探子报告说，曹玮舍不得扔下牛羊，致使部队乱哄哄地不成队形，便掉头赶回来，准备袭击曹玮的部队。

曹玮得到这一情报，便让队伍走得更慢，到达一个有利地形时，便整顿人马，列阵迎敌。当吐蕃军队赶到时，曹玮派人传话给对方统帅："你们远道赶来，一定很累吧。我们不想趁别人劳累时占便宜，请你让兵马好好休息，过一会儿再决战。"吐蕃将士正苦于跑得太累，很乐意地接受了曹玮的建议。等吐蕃军队歇了一会儿，曹玮又派人对其统帅说，"现在你们休息得差不多了吧？可以上阵打一仗啦！"于是双方列队开战，只一个回合，就把吐蕃军队打得大败。

这时曹玮才告诉部下："我扔下牛羊，吐蕃军队就不会杀回马枪而消耗体力，这一去一来的，毕竟有百里之遥啊！我如下令与远道杀来的吐蕃军队立刻交战，他们会挟奔袭而来的一股锐气拼死一战，双方胜负难定；只有让他们在长途行军疲劳后稍微休息，腿脚麻痹、锐气尽失后再开战，才能一举将其消灭。"

一个优秀的领导人一定有一套好办法去判定市场上自己与竞争对手的优劣形势。如果自己处于优势，怎么都能将对手挤出竞争领域当然是最好不过的了。关键是很多时候是胜负难料的，你对击败竞争对手根本没有什么把握，也看不出来市场对自己的公司多么有利，怎么办？

最重要的一件工作就是收集竞争对手的商业情报，这对你做出明确的判断非常重要。为了保持自己在世界贸易中的优势，美国政府甚至不惜代价派出 FBI 到各国做间谍收集别国的商业情报。当所需资料都收集好了，市场却没有出现自己期望的发展态势怎么办？那就要做出假象来迷惑敌人，让他朝着自己希望的方向去行动。会把握市场的领导者是优秀的领导者，但能够创造市场机会的领导者更是杰出的人才！敌强时，不急于攻取，须以恭维的言辞和丰厚之礼示弱，使其骄傲，待暴露缺点，有机可乘时再击破他。

不辩而明

汉代公孙弘年轻时家贫，后来贵为丞相，但生活依然十分俭朴，吃饭只有一个荤菜，睡觉只盖普通棉被。就因为这样，大臣汲黯向汉武帝参了一本，批评公孙弘位列三公，有相当可观的俸禄，却只盖普通棉被，实质上是使诈以沽名钓誉，目的是为了骗取俭朴清廉的美名。

汉武帝便问公孙弘："汲黯所说的都是事实吗？"公孙弘回答道："汲黯说得一点没错。满朝大臣中，他与我交情最好，也最了解我。今天他当着众人的面指责我，正是切中了我的要害。我位列三公而只盖棉被，生活水准和普通百姓一样，确实是故意装得清廉以沽名钓誉。如果不是汲黯忠心耿耿，陛下怎么会听到对我的这种批评呢？"汉武帝听了公孙弘的这一番话，反倒觉得他为人谦让，就更加尊重他了。

公孙弘面对汲黯的指责和汉武帝的询问，一句也不辩解，并全都承认，这是何等的一种智慧呀！汲黯指责他"使诈以沽名钓誉”，无论他如何辩解，旁观者都已先入为主地认为他也许在继续“使诈”。公孙弘深知这个指责的分量，采取了十分高明的一招，不作任何辩解，承认自己沽名钓誉。这其实表明自己至少“现在没有使诈”。由于“现在没有使诈”被指责者及旁观者都认可了，也就减轻了罪名。公孙弘的高明之处，还在于对指责自己的人大加赞扬，认为他是“忠心耿耿”。这样一来，便给皇帝及同僚们这样的印象：公孙弘确实是“宰相肚里能撑船”。既然众人有了这样的心态，那么公孙弘就用不着去辩解沽名钓誉了，因为这不是什么政治野心，对皇帝构不成威胁，对同僚构不成伤害，只是个人对清名的一种癖好，无伤大雅。

以退为进，这是一种大智慧。特别是领导人，在这方面如果运用得好，更能受益匪浅。作为一个团队的领袖，受大众至少是团队内部成员的关注程度肯定会高于一般人。而有些人可能对情况不怎么了解又喜欢乱下结论，甚至有时候会有一些莫须有的罪名加到头上，这时候你去辩解反而会让人觉得你心中有鬼，即便最后得到澄清也极可能给旁人一种不好的印象，更何况有时候你无意之中真的会犯一些错误。

对没有的事情不置可否，事情终会有水落石出的一天，那时候你不是可以得到更多人的尊敬吗？有什么小错就承认了也没什么大不了，人家反而会觉得你人格高尚，勇于承认错误更易得到大家的谅解，而且一个光明磊落的人即使错又能错到哪里去呢？不辩自明，是一种极好的公关技巧。作战如治水一样，须避开强敌的锋矛，就如疏导水流；对弱敌进攻其弱点，就如筑堤堵流。

伦理与人生——厚德载物的知识

第 **6** 章

守护秩序的捍卫者——法治清明的取士伦理

　　"冰冻三尺，非一日之寒"，从廉洁到腐败是一个渐变的过程，因此我们要从源头处着手，在根源处扼杀腐败思想的滋生。"梨虽无言，吾心有主"，要想防止腐败的开端，最重要的是从每一个人的内心处出发，加强自身品德和修养以抵制腐败的蔓延。"清如秋菊何妨瘦，廉如梅花不畏寒"，让我们行动起来吧，做一个廉洁之士。

第一节　激浊要勇于向腐朽宣战

　　腐败问题是人类共同的问题。一定程度上来说，人类社会发展史也是一部反腐败史。我们会惊讶地发现，封建社会比奴隶社会更容易抵制腐败和反腐败，资本主义社会比封建社会又更加对腐败具有抑制力和抵抗力。在这里面，我们确知，新的腐败抵制体的产生不仅包含着新的较为科学合理的社会政治体制的因素，而且更重要的是它涉及了人性的解放和发展的问题。古代，人们受着蒙昧主义笼罩，所以人性受到了极大的限制。某种程度上可以说，人们的思想和理性水平是非常低的，而人们对腐败的承受能力也是空前绝后的，以至于奴隶制能够长时间存在。然而，奴隶制为什么最终毁灭？是因为它所导致的腐败造成了人们最为基本的生存困难，而又伴随着人性不断发展，腐败问题注定要退出历史的舞台。

　　"弱水三江，取一瓢足饮，多则无益；米粟万种，仅三餐果腹，无欲为高。"清正廉洁是中华民族传统美德，也是中华民族传统文化的重要组成部分。中国从原始社会末期即开始倡廉。西周时，周王把廉洁作为考察奖惩官吏的重要项目；秦始皇统一中国后，廉政建设成为考核官吏职守的重要标准；到了明清两代，英明的君主更是煞费苦心地给众官吏们树立清官典型，做到"廉以立志，廉以律己"。与此同时，中国历代的很多仁人志士正是以清廉为节操，在历史舞台上留下了光彩夺目的一笔，被后人歌颂为清官廉吏。"晏婴尚俭拒新车""公仪休好鱼而拒鱼""东汉杨震四知拒金"　"吴隐之笑饮贪泉"　"狄仁杰铁面无私廉明断案"　"宋子罕以廉为宝"……这些清正廉洁的典范在历史中数不胜数。

"以铜为镜可以正衣冠，以人为镜可以明得失，以史为镜可以知兴替"。对于我们现代人来说，廉的品德更是不可或缺的，干干净净做人，踏踏实实做事，才能使我们赢得更多人的信任和尊重。要怎么杜绝腐败呢？"冰冻三尺，非一日之寒"，从廉洁到腐败是一个渐变的过程，因此我们要从源头着手，在根源扼杀腐败思想的滋生。"梨虽无言，吾心有主"，要想防止腐败的开始，最重要的是从每一个人的内心处出发，加强自身品德和修养以抵制腐败的蔓延。"清如秋菊何妨瘦，廉如梅花不畏寒"，让我们行动起来吧，做一个廉洁之士。

以清廉感动中国

"官可以不做，老百姓的事情不能不管"，2002 年感动中国十大人物之一的山西省运城市纪检委副书记梁雨润这样说。作为一名工作在基层的纪检干部，短短五年时间，他组织查处了数万起群众上访案件。尤其是处理了一批关系老百姓生活疾苦的陈年积案而备受人们称赞。赢得了诸如"梁青天"、"梁包公"这样的称呼。他用清廉书写了一个百姓爱看的"官"字。

每次找他的百姓在他面前掉眼泪，他都显得有些激动，"我就想着假如他是我的父母姐妹，假如他是我的姑舅伯姨，假如他是我的亲戚朋友，我该怎样对待。"带着这样一种感情，梁雨润可以为解决一个问题先后往一户农家跑

15趟，可以为了解决一桩17年没有解决的案件，挤进人群抬起棺材板……

山涛："悬丝尚书""璞玉浑金"

西晋时期的山涛既是大文学家，又是著名清官。陈郡人袁毅曾做鬲县令，送给山涛100斤上等蚕丝。山涛不愿独自违抗当时的风气，就收下来藏在阁子上。后来袁毅恶迹败露，被送到廷尉治罪。山涛把丝拿出来交给官吏，上面积有多年灰尘，但印封却完好如初。众人不禁钦佩山涛为官清廉，因而人尊称其为"悬丝尚书"。文学家王戎曾这样评价山涛："他就像未经雕琢的玉石、未经提炼的矿石（即'璞玉浑金'），人们都喜爱它的珍贵，却不能估量它的真实价值。"

曾国藩："第一裸官"

清道光年间，曾国藩正任内阁学士兼礼部侍郎。有一次受到政敌的恶言诽谤，他为表清白，堵住敌人之嘴，竟当着众人的面，挺身而出，把自己脱得精光，露出瘦削、文弱、矮小的身子，光着屁股走进银库清点现银，从而查清了国库亏空的真相，揪出了真正的国家蠹虫。堪称古往今来真正的第一"裸官"。

对于效果不明显且花费时间又长的精神和社会文明教育，我们更加需要督行和改进。中国是一个地大物博的国家，精神和社会文明对腐败的效用可能就某个或某些地区会较为明显，但要在整体上有个明显的改变却是难上加难。中国的反腐败任重而道远。当今社会的浮躁心理越来越明显，故而导致了腐败漫延，致使腐败问题越加难以解决。

廉政的核心，就是全心全意为人民服务。廉政的实质，就是党和国家机关及其工作人员在国家管制的活动中，全心全意为人民服务，做人民的公仆，不以权谋私，不贪污受贿，不贪赃枉法，不奢侈浪费。廉政与怎样使用人民赋予的权力是密切相关的。倘若党和国家机关及相关的工作人员能够正确地运用手中的权力，全心全意为人民服务，不谋取私利，那么就是廉政的表现；反之，倘若以权谋私，贪赃枉法，就是为政不廉、腐败堕落的表现。

首先，要重视学习，从主观上扼杀腐败的思想。

要认真贯彻落实国家有关的廉政规范。在实际工作的过程中，要严格根据规章制度来做事，认真履行岗位职责，办事公平公开公正，工作程序化、规范化，做到时刻警钟长鸣，时刻不忘原则，谨小慎微，利益面前顾及集体的大局利益，不为所动，不为所移，不为所屈，岗位上如立悬崖峭壁边缘之念，处暗室如置大庭广众之中，时刻加强学习，自重自爱，洁身自好。

其次，要从自我做起。

防腐难，养廉就更难。要积极地响应廉政的号召，修德立身，从自我做起，从身边的小事做起，从现在做起，从小处着手，发挥廉洁高效的工作作风，营造清正廉洁工作氛围，共同建设企业，促进企业发展，进而在奉献中实现个人的人生价值。

第三，要勇于接受组织的监督。

监督是面"镜子"，是防治腐败的有效手段，实际上更是对自我的关心与帮助，是一份关怀和关爱，多一份监督就是多一份关怀，多一份监督就多一份踏实，多一份监督就多一分和谐。因此无论是领导还是普通员工都要勇于接受监督，勤勤恳恳工作，踏踏实实做人。

第四，要时刻维持清醒的头脑。

清廉与腐败虽有天壤之别，可是清廉与腐败却仅是一念之差，一纸之隔，关键在于是否时刻警醒自己，控制自己，抵制诱惑。不论职位高低，年龄大小，只要坚持党性原则，保持头脑清醒，学法知法，慎用职权，慎交朋友，就能自觉养成廉洁的习惯。

第二节　扬清要敢于开先风

漫长的中国廉政史沉淀了丰富的历史经验和优秀的传统文化，为我们保留了弥足珍贵的廉政文化资源，这些都是值得我们认真总结和批判继承的文化遗产。

在中国古代的历史上有很多清正廉洁、为民请命的人物，他们深受百姓的尊敬与爱戴，他们的形象深入人心，他们的故事历久弥新。比如，包公不畏权势，创下了流传百世的铡美案；文天祥宁死不屈，写下"人生自古谁无死，留取丹心照汗青"的名句；于谦为抵入侵者而献生命，留下"粉身碎骨浑不怕，要留清白在人间"的正直人格与两袖清风的心态。

清贫不等同于贫穷，推崇清贫并非崇尚贫穷。穷只是一种生活状况，一种物质匮乏；而清贫则是一种人格操守，一种意志和情操。从某种意义上说，清贫是崇高的生命境界，是贤者、智者、圣者的修养，是精神的磨砺，更是一种万财难求的幸福。守住清廉，百姓齐拥戴。无论在何时、何种情况之下，都应该坚守自己的精神家园，以清廉与诚信赢得群众的爱戴，即便只是"芝麻官"，也能令行禁止。因为清廉，会视名利为浮云，视百姓为重山。坐得端、行得正，所到之处，人们都会以诚相见、尊敬有加。为官坦坦荡荡，为人乐乐悠悠，心里便充满了快乐。因为清廉，便会拥有健康平和的心态，犹如一汪清泉，波澜不惊、宠辱不惊。因为清廉无恶习，远离灯红酒绿而不致迷离五色，为人处事光明正大、堂堂正正，从而构建健康幸福，享受天伦，幸福地走完自己的人生旅程。

张衡：拒收金错刀

汉代天文学家张衡曾两度任朝廷太史令，永和初年又出任河间相牖地方官牍。当时，世风日下，弊政甚多，但张衡法治严明，着力打击那些地方豪强劣绅。为此，有的豪富便派人暗中送来"金错刀"，进行贿赂。然而，张衡并没有被金钱所诱惑，他愤然拒收"金错刀"，使这些富豪的阴谋彻底破产。张衡坚持"法治不失志"，过了不久，郡中上下肃然，民风大正，百姓安居乐业。

"施公"施世纶

施世纶是清朝有名的清官，人们把他比之于包公，他的事迹在民间特别是在江浙一带广为流传。《施公案》讲述的是他在侠士黄天霸的协助下侦破疑难案件，惩治恶霸豪强，救助无辜受害百姓的故事。施公的足迹遍及江苏省：在江都（今扬州市），捉拿佛门败类九黄僧人、七珠姑姑，擒获恶霸关升；在天津关，平息了苏州船帮与杭州船帮的打斗；在徐州、宿迁县，收伏张桂兰、郝其鸾；在沭阳县，捉拿郎如豹；在赣榆县，处决假知县毛志虎；在海州，破落马湖水寨，执水贼之首；在淮安，破何氏妇杀丈夫案、费德功控民女案，杀盗贼余成龙、灭恶霸。

于成龙：天下廉吏第一人

于成龙，生于明万历四十五年（1617年），卒于清康熙二十三年（1684年），乃山西永宁（今离石人），明崇祯年间，他曾考取过副榜贡生，倡导经世之学。清取代明而起后，他于顺治十八年（1661年），被提为广西罗城县知县，从此开始了其清正廉明的仕途生涯。此后，由于其政绩昭著，又屡被提升。曾先后出任四川合州知州、湖北武昌知府、福建按察使、布政使及直隶巡抚、两江总督等职。1684年，因积劳成疾病逝于两江总督任所。死后被谥为"清端"。其著作有《于清端公政书》。康熙二十年，其任直隶巡抚时，康熙就曾称誉他是"清官第一"，其病逝不久，康熙于同年南巡时，又在"延访吏治理，博采舆论"，对各级官吏进行稽核考察的过程中，再次称赞说："原任江南、江西总督于成龙，操守端严，始终如一"，其"居官清正，实为天下廉吏第一"。

始终维持清正廉洁的政治本色，要巩固反腐倡廉的思想道德防线。"物必自腐，而后虫生。"大量的实践证明，腐败行为的产生，首先是思想道德防线出了问题。要大力培育廉政文化，加强反腐倡廉的教育，引导秉公用权、踏实干事、坦荡做人。每个领导干部都要不断地加强个人品德的修养，常修为政之德，常思贪欲之害，常怀律己之心。要培养健康良好的生活情趣，净化生活圈、社交圈，始终坚持慎独、慎微、慎初，强化自我约束力，凡事从小节做起，防微杜渐，自觉遵守廉洁自律各项规定，正确行使权力，真正做到清正廉洁、克己奉公、为民谋利。

始终维持清正廉洁的政治本色，就要加强领导干部的作风建设。作风正则事业兴。深入开展领导干部队伍的"治庸、治懒、治散"活动，切实解决干部队伍中存在的不作为、慢作为、乱作为等腐败问题，形成真抓实干、为民造福的作风，形成埋头苦干、狠抓落实的作风，形成艰苦奋斗、奋勇拼搏的作风，形成锐意进取、敢于担当的作风，不断开创工作新局面。

始终维持清正廉洁的政治本色，要加强惩治和预防腐败体系建设，认真做好以完善反腐倡廉制度为重点的惩罚和预防腐败体制建设，从根源上铲除滋生腐败的土壤，坚定不移地推进反腐败斗争，要确保廉政制度的落实。我们守住了廉洁，同时也就守住了良知和清白，守住了忠诚和正义，守住了家庭的平安和幸福。唯有廉洁，我们的领导干部才能刚正不阿、坦荡无私、问心无愧；只有廉洁，我们的家庭才能室雅庭芳、温馨充实、其乐融融；只有廉洁，我们的社会才能风气淳厚、稳定和谐、国泰民安。

第三节　德法并举走向清明

道德和法律相辅相成

法律和道德都是社会上层建筑的重要组成部分，都是约束人们行为的重要规范，二者相互联系，相互补充，相互促进，不可偏废。但是，从更深层次的意义上思考，之所以将道德建设提到治国方略的高度，主要原因在于，法律虽严密，但也有它难以管辖的地方。以人作为主体而言，法律主外，道德主内。法律是外部强制性的管束，道德是发自内心的自我监督，内外结合，方可使国家长治久安。

首先，法律难以从源头上解决社会公正问题。

法律的立意和归宿是为了公平、公正，这也可看作道德要求的范畴。但是，在现实生活中，法律和道德却难以完全达到一致，这是由法律的机械本性所决定的。所以，一定要加强执法者的道德修养，尽量避免因执法者偏私而造成的错判，立法、执法和守法的过程都需要道德作为基础。

其次，法律难以触及人的心灵，解决不了人的思想问题。

法治是治理国家的重要手段，可是法律这种以强制手段规范行为的方式，只能解决"不敢"、"不准"的问题，却无法解决"不想"、"不愿"的想法。而德治的落脚点在于人心和思想自觉。一个人思想有问题，价值观出现偏差，对于违法之事，虽一时"不敢"，但难以保证其长久"不敢"。

第三，法律不可能将社会生活的方方面面管理周全，必然留有一些领域由道德来管理。

唯有从道德方面加以教育，才能让人们懂得在尊重自己感情的同时，还要注意不伤害他人的利益，不将自己的幸福建立在他人的痛苦之上。在发展社会主义市场经济条件下，我们不但要建立与之相适应的社会主义法律体系，实行依法治国，还必须建立与之相适应的社会主义思想道德体系，实行以德治国。有了良好

伦理与人生——厚德载物的知识

的道德素质，人们才能自觉地弃恶从善，扬善惩恶，形成追求高尚、激励先进的良好社会风气，从而更有力地促进经济发展，维护国家的长治久安，实现社会的全面进步。

在社会发展过程中，道德规范起了积极的作用。特别是在古代的封建社会里，道德起着统治管理的作用。比如，西周的"以德配天，明德慎罚"和汉代的"德主刑辅，礼刑并用"就是一个很好的明证。道德与法律相辅相成，内容上，二者都蕴含和体现一定的社会价值，在总体精神和内容上相互渗透。在功能上，二者都是社会调控手段，以维护和实现一定社会秩序和正义为使命。现阶段，共产党人始终将德治作为治国安邦的重要举措，江泽民同志指出："我们在建设有中国特色社会主义、发展社会主义市场经济的过程中，要坚持不懈地加强社会主义法制建设，依法治国，同时也要坚持不懈地加强社会主义道德建设，以德治国。对一个国家的治理来说，法治与德治，从来都是相辅相成，相互促进的。"当然，我们讨论的德治不是古代传统意义上的德治。古代传统德治，即主张用伦理道德来治理国家，统治人民，这是儒家的一种政治思想。我们所说的以德治国，建立与社会主义市场经济相适应、与社会主义法律体系相配套的社会主义思想道德体系，并使之成为全体人民普遍认同和自觉遵守的行为规范。

冯玉玺：德法并举的榜样

"以德为本"的口号一经提出，冯玉玺就领着全体村民在山上开发土地、修水库、垒塘坝、建水池，发展了高山生姜、柴鸡饲养等产业，后来王石门的人均收入达到了

3000元，是10年前的12倍。打开山门的王石门场发生了翻天覆地的变化，全村吃上了自来水，看上了闭路电视，用上了程控电话。做给群众看，带着群众干，冯玉玺就是带着这样的心情使村民开始行动起来。王石门村的"道道"是修路，大下河村的"道道"则是治水。苦干，实干，聚起了民心，干出了道德感召力。

以干兴德，以德立威，民莫不从。往日村干部下户收提留，曾被老百姓关进猪圈里。现在什么事情只要干部一吆喝，村民都争先恐后地去干。村里收三提五统，不用干部上门敛，村里干勤杂的赵老头，喇叭上一吆喝，一天多时间，一户不落全交完。有奔头、心气顺的大下河人走下"骂人台"，登上了唱戏台。许多能说会道的大下河人自发地唱起了新民谣。

同样身份的独路村村支书赵云亭说："要治理好一个村，立德依法都得有道道，找好了结合点，工作就不难。"有了厚重的道德底蕴和法制基础，如今的大王庄镇，一如他们自己在民谣中所唱，"重德守法美名扬，谁见了谁也喜得慌"。

柏拉图曾说过："人们必须有法律并且遵守法律，否则他们的生活将像最野蛮的兽类一样。"法律与道德即便属于不同的领域，调节着不同领域的社会关系，可是它们却具有内在的统一性，有着共同的基础和目的。它们都以权利和义务为调整内容，存在着互相渗透、互相转化、相辅相成的关系。在发展社会主义市场经济的过程中，唯有大力加强法制建设，才能最终保证社会主义道德体系的建立。当代世界各国出现了道德法律化的趋势，绝大部分公众道德被纳入法律框架之中，但要真正得以施行，还必须将外在的法律形式变为人们内心的自律，这是时代发展的必然趋势。

协调好法与德之间的关系，并合理地开发和利用这两种资源，对于建设有中国特色社会主义无疑具有现实而深远的意义。

第四节　道德让管理竞争优势凸显

做个有德才的人

人品就像是火车的方向、路轨，而才能就像发动机。假如方向、路轨偏了，发动机的功率越大，那么造成的危害势必会也就越大。良好的人品比一百种智慧都更加有价值。

每一个人的潜力都是无限的，有什么样的人品就会有什么样的工作业绩与生命质量。

实际上，人与人之间并没有多大的不同，成功或是失败、卓越或是平庸之间的差别就在于人品的高低。优秀的人品是个人成功最重要的资本，是人的核心竞争力。具有优秀人品的人，总是会经常性地从内心深处爆发出积极的力量。可以说，好的人品是推动一个人不断前进的动力，或是换句话说，人品就意味着职场上的竞争力。

巴林银行是英国历史最悠久的银行之一，它成立于1763年，被誉为英国银行界的泰斗，有"女王的银行"的美誉。1995年2月27日，国际金融界传出一个举世震惊的消息，有着232年的灿烂历史、4万名员工，在全球几乎所有的地区都有分支的机构，曾一度排名世界第六的英国巴林银行宣布倒闭。消息一经传开，令全球愕然，人们不禁要问，到底是什么原因造成了这一悲剧？

原来造成这一悲剧的直接原因是，巴林银行新加坡分行年仅28岁的交易员尼克里森在未经授权的情况下以偷天换日的手法，进行不当交易，赌输了日经指数期货却利用多个户头掩护。

所以说，现在许多著名的企业在用人上都持有这样的原则：有德有才，破格录用；有德无才，培养使用；有才无德，观察使用；无德无才，坚决不用。因为从某种意义上说，市场经济其实是一种人格经济。谁拥有高尚的人格和道德，谁就能够坚持正确的经营方针。始终坚持为用户着想，以一流的产品和一流的服务弃旧图新为顾客效力，谁就会获得他们的青睐，从而收获良好的经济效益。倘若不讲经营道德，尽管开始也能赚到一些钱，但也只是短暂的效益。所以，要想将生意做好做大，就要真正学会"做人"。

就像古人所说的那样"君子爱财，取之有道。"这个"道"就是指人品。在市场经济条件下，只有做有德之人，才能生产出好的产品，有了好的产品，才会有好的销路，有了好的销路才会有好的效益。所以，李开复先生曾说过："我把人品排在了人才所有素质的第一位，超过了智慧、创造、情商、激情等，我认为一个人的人品如果有了问题，这个人就不值得一个公司考虑用他。"

假如一个人家庭不幸福美满，工作不顺利，前途惨淡，那么一定是这个人的人品不够好，就好像银行账户里没有足够的存款为幸福的生活买单一样。钱不够就要存储到够为止，人品亦是一样。

人品，是最佳的核心竞争力。现在推崇诚信的时代更是被大家所认可。得道者多助，失道者寡助。奇迹总会在伴随人品爆发时发生，做个好人，才是最聪明的选择。

　　一位母亲带着男孩到湖边钓鱼。晚上湖边夜色迷人，当月亮升至中天的时候，湖水的波纹会变成银白色，景象十分美丽动人。

　　男孩是个钓鱼高手，虽然第二天才到鲈鱼钓猎开禁的时间，但男孩已经忍耐不住了，他做好钓鱼前的一系列准备后，安好诱饵，将渔线一次次甩向湖心，抛出去的渔线在月光下泛起一圈圈涟漪。

　　忽然，钓竿的另一头倍感沉重起来。男孩知道一定有大家伙上钩了，急忙收起渔线。母亲在一旁十分惬意地看着儿子熟练麻利的动作。

　　终于，渔线收起来了，一条竭力挣扎的大鱼被拉出水面。好大的一条鲈鱼啊！鲈鱼美丽的大鳃一吐一纳地鼓动着。母亲和儿子都惊呆了，在此之前他们还从没见过这么大的鱼呢！

　　妈妈捻亮小电筒看看表，晚上十点，距允许钓鲈鱼的时间还差两个小时。

　　"你得把它放回去，儿子。"母亲说。

　　"妈妈！"孩子哭了，"再也不会钓到这样大的鱼了。而且湖的四周看不到一个鱼艇和钓鱼人。"

　　但母亲平时温和慈祥的脸现在却露出十分坚决的神色。他知道母亲的决定是无可更改的，怀着深深的伤感，只好慢慢解开大鱼嘴上的鱼钩，把它放生了。

　　暗夜中，鲈鱼抖动笨大的身躯慢慢游向湖水的深处，渐渐消失。刚刚发生的一切，就像做了一场梦。

34 年后，男孩已经是纽约市一位很有成就的建筑师了。他确实再也没能钓到过像那个夜晚钓上的那么漂亮的大鱼，但他却因此终身感谢母亲。在以后的生活中他碰到过许多类似于那个夜晚发生的事，但他从未因无人知道而放松自律，有损公德。他通过自己的诚实、勤奋、守法，获得了生活中的大鱼，事业上成绩斐然。

拥有优秀的人品，个人的发展就会朝着良性的方向发展，那些有恶劣品质的人，他的个人发展方向也是可想而知的。一个有着优秀人格的人，假如他能全心全意地投入到一个个人发展的实践中去，那么便没有什么能够阻挡他前进的脚步，他终将获得成功！

好的品格是一个人成长的基石

良好的人品是孩子成长的基石，要想取得成功，必须从小事做起；从一点一滴中培植良好的品格。良好的品格是成功的基础，尤其对孩子而言，良好的品格是他们成才的基石。

一天清晨，天刚蒙蒙亮，奥古斯丁就气冲冲地走回家中。他脸色严峻，寒气逼人，让人望而生畏。

究竟出了什么事？家里所有的人都很纳闷。小乔治吓得躲在妈妈的身后，一动也不动。

奥古斯丁像一只发怒的狮子，吼了起来："是谁把我的樱桃树砍了？为什么要砍我刚买来的一棵，那是一棵从英国买回的良种，花了我不少钱！"

"我没砍，我也不知道是谁砍的。"小乔治的异母哥哥劳伦斯小声说道。他生怕爸爸那铁硬的拳头落在自己的身上。

爸爸把森严的目光投向了小乔治："那么，乔治，你知道这件事吗？"

全家人都为小乔治捏了一把汗。

小乔治犹豫了一会儿，突然大胆地抬起头来，看着爸爸愤怒的脸，态度诚恳地说："爸爸，是我砍的。我不说谎，你教我不能说谎的。"

原来，在前一天下午，爸爸买来了一把新斧子，小乔治对斧子产生了兴趣，为了试试斧子是否锋利，小乔治走进了果园。

恰巧，他看见果园里有一棵樱桃树，于是他就抡起斧子往树干上砍了几下。每砍一下，那斧刃都深深地嵌在树干里。

"好斧子，好斧子！"小乔治连说。

整个下午，他都沉浸在喜悦中，没想到闯了大祸。

小乔治向爸爸讲述了事情的经过，静等着爸爸的严厉惩罚。

奥古斯丁听了，十分生气，但他马上又平静了下来。他寻思着，自己平时常教育孩子不要说谎。如今儿子犯了错，但却说了实话，我要是惩罚他，不是在无形中叫他以后要讲假话吗？于是，他变得十分高兴。

"乔治，我的好孩子，快过来，让爸爸亲亲你！"他激动地说。

说着，他伸出双臂把小乔治抱了起来。接着，他说："你虽然犯了错，但没有撒谎，这是很难得的。你的诚实的行动，胜过一千棵樱桃树的价值！"

小乔治，就是后来美国的第一任总统——乔治·华盛顿。

大部分的孩子，只要教育得当，都会成才。家长们都希望上天赐予孩子高智商，希望他们拥有大智慧。实际上，最大的智慧恰恰是被家长们经常忽视了的良好品格。英国哲学家洛克曾说过："家长的任务是塑造孩子的心灵。"假如品质培养好了，那么将来的孩子都会是杰出的人。罗曼·罗兰曾说过："没有伟大的品格，就没有伟大的人，甚至也没有伟大的艺术家，伟大的行动者。"

人都生活在繁杂多变的环境中，遭遇挫折、失败、委屈、逆境和打击都是在所难免的，唯有那些拥有优秀品格的人才能保持心理平衡，才有充分的信心去克服一个个困难。父母不能永远当孩子的保护神，更不能为孩子把未来的生活安排得妥妥当当，想要让孩子健康顺利地成长并且取得成功，父母能做的、最有必要做的，就是从小培养孩子的优秀品格，这会让他们敢于去适应环境，创造幸福。只有那些积极乐观、善良正直、勤劳勇敢、富有同情心的人，才会拥有成功的人生。所以说，要想拥有辉煌灿烂的人生，就要趁早培养优秀的品格。

第五节　人性管理是道德的根本性归依

发挥人性中善的一面

人性化的管理是把人性化的理论应用于管理，根据人性的基本属性进行管理。所以，要想真正地认识人性化管理，首先必须对人性有所了解。孟子认为，好的品性，人人生而有之，就像小孩子爱自己父母一样，是出于人的天性的，因而人性是善的。至于有些人后来变坏、变恶了，是因为受到不良环境或坏的教育的影响，使善性受到掩盖或者泯灭。

所以，实行人性化管理，既要充分承认并大力发挥人性中善的一面，又要清醒认识并设法抵制人性中恶的一面。所谓的人性化管理，并非总是像大家所想象的那样含情脉脉、只奖不罚、张扬善性，在必要的时候也会铁面无情、当头棒喝、抑制恶性。扬善是为了激发人性的光辉面，上不封顶；抑恶是为了抵制人性的阴暗面，守住底线。扬善必须抑恶，抑恶方能扬善，二者相辅相成、互为补充，可以有所侧重，但是不能偏废。唯有如此，才可以谈得上是合乎人性的管理，即人性化管理。否则，很可能只是人情化管理。

迄今为止，还没有看到哪个企业真正的具备完善的人性化管理体制。当然，越是成功的国际企业，他们的人性化管理就越趋向完美。完善的人性化管理系统，是相当复杂的一项工程。假如只是以一个标准去涵盖所有的员工，即使是设计得再好，也是美中不足的，这也是许多实施人性化管理的企业共同存在的缺点。例如，员工的级别、工作的性质、地域种族……如何针对这些差异，制定通用的人性化管理措施与针对性的人性化管理措施，来形成完整的人性化管理系统，是企业真正能够永续经营的条件。在面对人性需求增多的情况，企业可能会担心经营成本是否会增加许多，其实如果从几个层面去分析，也许情况刚好相反，经营成本不但没有增加，经营效益反而会大幅提升，原因如下：

1. 人性化管理越落实，员工的流动可能性就越小，人事管理成本越低。

2．员工的进取心越大，工作的效率越大幅提升。

3．员工越是珍惜企业，向心力就凝固，减少浪费。

4．工作意外事件机率降低，经营成本也会随之降低。

某公司的销售经理最近一上班就心烦，他不知道手下那几十号人为什么跟自己过不去。去年，他制定了一套严格的管理规章，却被有的员工讥讽为教条、机械、缺少人情味。因此，他决定推行人性化管理，销售指标让员工根据能力自定，没有强制也没有监督，他则表现出亲民作风，与群众打成一片，不仅经常跟手下人扎堆聊天，还常帮有事提前走人的下属做完剩下的工作。起初，他的这一套颇受欢迎，可是没过多久，就有人开始无视他的存在了，部门里迟到早退的现象渐渐增多，后来竟然有人经常缺勤。即便一些素质较高的员工，执行他的工作指令也走样了。他百思不得其解：我对员工够人性化了，为什么员工有了宽松的管理环境却不珍惜呢？如今眼看到年底，可是部门的销售指标却有一大块尚未完成，为此，他十分苦恼。

显而易见，该经理的人性化管理已经陷入了误区。

人性化管理的误区

误区之一：将"人性化管理"等同于"宽松管理"。

从语义上来讲，"人性化"的落脚点是"管理"，这也就是说，人性化不是目的，其目的是管理。既然说是管理，就必须根据管理的规律办事，健全的规章制度和严明的纪律是不能缺少的。

不然，就谈不上有效的管理，人性化也就成了无本之木，无从谈起。这里的人性化，是指在严格管理前提下的人性化，而不是不要规章制度、丢弃管理原则。强调人性化管理，就是警醒管理者，不能将人看成是一部工作的机器，而要尊重人、关心人，尊重员工的想法，关注员工的需求，让员工的潜能得到充分的发挥。假如违背管理的规律、抛弃管理的原则，一味地讲究宽松、放松自流，就明显违背了人性化管理的初衷，甚至根本算不上什么管理，充其量只能叫作人性化罢了。

误区之二：把"人性化管理"和"员工满意度高的管理"混为一谈。

有的人认为，员工满意度高的管理就是人性化管理。为了提升员工的满意度，一些学校不断地满足员工对学校提出的各种需求，一些管理者则对员工放松了要求，对员工的错误行径就睁一只眼闭一只眼。即便"人性化管理"和"员工满意度高"有一定的相关性，可是不能混为一谈。实行人性化管理的学校，员工的满意度会比较高；但员工满意度高的管理未必就是人性化管理。人性化强调在尊重人的基础上发展人，充分发挥人的主观能动性，但是必须有一个基本的前提，那就是人性化必须建立在科学严谨的制度之上。而制度的权威性就在于奖勤罚懒、一视同仁，不折不扣地执行。既然有奖也有罚，就不能保证员工会人人满意（至少那些受罚或者可能受罚的人是不满意的）。相反，在一个工作作风散漫、制度意识淡漠的群体里，推行人性化管理，可能会遭到很多的不满乃至公开反对。甚至，一个有使命感和责任感的管理者有可能成为"众矢之的"。

误区之三：把"人性化管理"与"人情化管理"混为一谈。

也许根本就没有"人情化管理"这一说法，这里只是为了行文的方便杜撰出来的，意思是在管理的过程中讲人情而忘了规范。比如，当你在工作中出现差错时，你的同事、上司、朋友并没有指出你的错误、没有告诉你它的危险，却反而拍着你的肩头说声没事，对你隐藏了事实的真相，或者是因为私人关系好而睁一只眼闭一只眼，包庇你的错误，这就是"讲人情"、"老好人"。可是人性化管理则不一样，"人性化管理"即便允许你在工作中出错，但它会告诉你这样做是错的，会带来什么样的危害，你应该怎么做会更好。"讲人情"的好处是不得罪人，坏处是违背了原则，践踏了规矩，使管理变得混乱、制度无法落实，进而使组织纪律涣散，使工作变得越来越糟。孔子说的"乡愿，德之贼也。"批评的就是不要原则的"讲人情"。

人性化管理是以制度管理作为基础，离开严格管理来谈人性化管理，也就离开了前提和基础，失去了方向和目的。员工不可能因为企业倡导人性化管理就可以工作自由散漫，就可以不受制度的约束；也不能因为贯彻人性化管理思想而放松管理，甚至不予管理。制度与人性化管理是相互促进的，而不是矛盾的。

推行人性化管理的首要任务就是在企业中逐步建立起一套科学且行之有效的管理制度。管理的手法无论如何转变，最终的目的还是为企业发展服务的。假如一味地去追求人性化，而忽视了企业现实利益和未来发展，那就成了本末倒置的管理。所以，在一个缺少管理基本原则、管理制度漏洞百出的企业，是无法实施人性化管理的。这也是一些管理者无法做到真正意义上的人性化管理的主要原因之一。

总之，人性化的管理就是在不自由的情况中让员工感到一定的自由，人性化的管理不是挂在嘴边漂亮的话语，也不是凭借讲什么忠诚度的理论就可以说服人，它需要企业平等、真诚地和员工进行交流，真正地让员工感受到被尊重。企业也只有树立了以人为本的人性化管理的理念，才能够真正地创造出吸引人才、留住人才的环境。

伦理与人生——厚德载物的知识

第 7 章

走出失败洼地——以德当先的成功伦理

道德是一种社会意识形态，是人们共同生活及其行为的准则和规范。它是一把标尺，衡量着高尚与卑微；它是一盏灯，引导着人们前行的方向；它更是一种力量，激励着人们与真为邻，与善为伍，与美同行。我国向来就是一个崇尚道德的国度。道德是一种心灵的自觉，体现为自觉地守信，自觉地遵守，自觉地修正，自觉地行动和自觉的习惯，并最终上升为一种发自内心的自我管理境界。

第一节 诚实是赢得信任的法宝

海涅曾经说过："生命不可能从谎言中开出灿烂的鲜花。"诚信是一朵兰花，它盛开在人们荒芜的心田；诚信是一杯浓茶，它让生活增添了浓郁的芳醇；诚信是一曲劲歌，它奏响了时代的最强音，人生路上以诚待人，终会获信。

孔子曰："人而无信，不知其可也。"诚实守信是中华民族的传统美德，它早已融进了我们民族的血液中。诚信是为人处事的基本准则。实际上，在文明发展的今天，更应该注重我们的诚信度。有些时候，我们做人做事什么都不缺，只是少了人心，缺了诚信。我记得美国哲人富兰克林细数人应当具备的十三种德行，其中第七条："诚恳，不欺骗人；思想要纯洁公正，说话也应当如此。"

诚信是个人一定要具备的道德素质和品格。一个人假如没有诚信的品德和素质，不但难以形成内在统一的完备的自我，而且还会很难发挥自己的潜能和取得成功。"诚"不仅是德、善的基础和根本，也是一切事业得以成功的保障。"信"是一个人形象和声誉的标志，也是人应该具备的最起码的道德品质。一个人心有诚意，口则必有信语，而身则必有诚信之行为。诚信是实现自我价值的重要保证，也是个人修德达善的内在要求。

缺乏诚信，不但自己欺骗自己，而且也必然会欺骗别人，这种自欺欺人既破坏了健全的自我，也破坏了人际关系。所以，诚信是个人立身之本，处世之宝。个人讲究道德修养和道德上的自我教育，培育理想人格，要求以诚心诚意和信念坚定的方式来进行自我熏陶和自我改造。所以，中国人特别强调"做本色人，说诚心话，干真实事"。

为人诚实，言而有信，能够得到别人的信任，也是自身道德的提升。西汉初年有个叫季布的人，非常讲信用，凡是答应别人的事，不论多么困难都会想方设法办到，当时流行一句谚语"得黄金百斤，不如得季布一诺"，可见诚实守信的重要性。与此相反，假如不兑现自己的承诺，失信于人，就会产生信任危机。讲求诚信，大而言之是立国之本，小而言之是立身之本。

窦德玄实话实说

皇帝以诚待臣下，臣下以诚待皇帝，这在唐朝蔚然成风。有一次，唐高宗来到濮阳，窦德玄和其他大臣骑马跟随在后。高宗问："濮阳又叫帝丘，是怎么回事呢？"窦德玄诚实地说：答不出来。另一个大臣许敬宗从后面策马上来，回答说："从前古帝王颛顼在这里住过，所以叫帝丘。"高宗称赞答得好。许敬宗退下后对别人说："大臣不可以没有学问，窦德玄回答不出，我实在为他害臊。"窦德玄听了这话，说："每个人都有自己能做到和做不到的事，我不勉强回答自己不知道的事，这才是我能够做到的。"唐朝之所以强盛有很多原因，不知群臣之间以诚相待、互相信任，是不是原因之一。

请皇上另出试题

宋朝丞相张知白向朝廷推荐年轻的晏殊。朝廷召来晏殊，正逢真宗皇帝御试进士，就命令晏殊参加考试。晏殊见到试题后说："这首赋我在十天前已作过，请皇上另出试题。"他的诚实博得了真宗的喜爱。之后，晏殊担任了馆职。有一天，主事官对皇上说："近来听说馆阁里的大臣们，没有一个不宴乐玩赏的，只有晏殊与兄弟埋头苦读，如此谨慎持重，可以担任东宫官。"皇上便采纳了主事官的意见，又当面说明任命他的原因。晏殊听了后，说："臣下不是不喜欢玩乐，只不过是因为贫穷玩不起啊。臣下如有钱，也想去玩的。"皇上对他的诚实备赞赏。宋仁宗时，晏殊做了宰相。

诚实的林肯

亚伯拉罕·林肯是美国历史上位很有名的总统，他出身卑微，但为人和蔼公正，诚实厚道。

林肯21岁那年，在朋友开的一家商店里当店员。有一天，一位老妇来买纺织品，多付了12美分钱。林肯当时没有发觉，等他结账发现多了钱之后，当晚就步行赶了六里路，把多收的钱退给了那个老妇。又有一次，一位女顾客来买茶叶，林肯少称了四盎司，为此他又跑了好长一

伦理与人生——厚德载物的知识

段路把少给的茶叶补上。附近的居民都很尊敬和喜爱这个瘦瘦高高的年轻人，亲热地称他"诚实的林肯"。

孔子说："民无信不立。"缺失诚信，一个人在世上就无法立足，也难以成事。对一个社会来说，不讲求诚实守信，就会败坏社会风气，民心散失，民族生存和发展的思想道德基础就会坍塌。特别是在社会深刻变革、经济迅速发展、文化相互撞击的今天，"以诚实守信为荣，以见利忘义为耻"尤为重要。这不但是衡量社会文明程度和道德水平的重要标准，也是社会行为导向和价值取向的重要体现；不但是以德治国不可或缺的基本内容，也是构建社会主义和谐社会的必然要求。"以诚实守信为荣，以见利忘义为耻"，这种中华民族传统美德与时代精神的有机结合，必定会成为推动和促进社会进步、国家昌盛的强大精神动力。我们每个人都有责任、有义务去珍惜它，爱护它，薪火传递，发扬光大。

涓涓细流汇成浩瀚的大海，纤细的羽毛聚起来能沉舟楫。现实生活也告诉我们：唯有始终如一的诚实守信，才算是一个真正讲信用、守诚信的人，才能真正受到别人的尊重。就像一个带着微笑与诚信同行的人，始终用一颗纯净无私的诚心给予别人温暖，当他疲感到疲惫不堪的时候，收到诚信的人都会来扶起他、帮助他。在走向终极的光明与幸福的途中，诚信也愈加发出熠熠的光彩，他的人格和整个生命也因此格外美好。当他的人生之旅到达终点的时候，他可以由衷地感叹："拥有一颗诚信之心是多么幸福的事啊！"

罗兰曾说过："人生的大海上，风高浪急，你需自持扁舟，方能到达彼岸。"所以，作为新世纪的一代新人，我们不但要学习和发扬诚实守信的美德，更要赋予其新的内涵，做现代文明的新一代，做一个诚实守信的人。

青少年时期，是人生的黄金时期，是人生中至真至纯至美的时期，而诚信又是最容易而又最不应该让人忽视的美德。我们应该将诚信作为人生中的一个坐标，做老实人，说老实话，办老实事，诚信对人，诚信对己。诚信就像一轮圆月，唯有与高出的皎月相伴，才能衬托出对待生命的态度；诚信就像一个砝码，在生命的天平上，放上它，摇摆不定的天平就会稳稳地倾向它；诚信更像是高山之水，能够在浮躁的社会里，洗尽铅华，洗尽虚伪，露出真诚。所以，我们更应该在全社会大力倡导诚信，为社会风气的净化，尽一份自己的责任！

第二节　走出"看客"的包围圈

在生活中，有很多人都拥有着自己的理想，在他们中间，一部分人是整日将自己的理想挂在嘴边，而另一部分人则是默默无闻地为自己的理想而奋斗着。每个人都有获得宝藏的机会，就看你是否有付诸行动。上帝不会轻易让不付去努力的人不劳而获的。

西方有句谚语说得好："上帝只拯救能够自救的人。"成功属于愿意成功的人。成功并不是一个固定的蛋糕，数量有限，不是别人切了，你就没有了。成功的蛋糕是切不完的，关键是要看你是否有切实的想法。你能否成功，与别人的战绩毫无关系。唯有自己想成功，才有成功的可能。

人生就是不断地行动，反省，再行动的过程。行动才是扭转人生最有力的途径。许多人在做事的时候，首先要想到的不是追求成功，而是如何避开失败。为了不输而战与为了赢而战，两者之间有很大差别。成功者都是为了赢而战，他们不是想要，而是一定要，只有一定要才能产生超强的行动力。在你和成功之间就只有两样事：开始行动！不要放弃！你现在就可以解决你最大的难题，你要做的只是立刻行动。

勇于行动，才能成就梦想

《为学》中讲了这样一个故事，说蜀地有两个和尚，一个贫穷，一个富有。

穷和尚问富和尚："我要去南海，怎么样？"

富和尚说："你凭着什么去呀？"

穷和尚说："我有一个盛水的瓶子和一个盛饭的钵就足够了。"

富和尚说："我几年来一直想雇船沿着长江往下游走，还没去成呢。你凭着什么去呀？"

到了第二年，穷和尚从南海回来，把事情告诉了富和尚，富和尚露出了惭愧的神色。

西边的蜀地距离南海不知道有几千里远，有钱的和尚不能到，没有钱的和尚却可以到。这个故事让我们懂得，天下的事有困难和容易的区别吗？只要去做，困难的事也变容易了；如果不做，容易的事也会变得困难。

事情的确如此，两个人的梦想原本相同，但是现在只有一个人实现了梦想，差别就在于一个人去行动了，而另一个人只是偶尔午夜梦回时才会想起自己还有这样的梦想没有去实现。说一尺，不如行一寸。先行动起来，在实践中去检验，去完善。只有敢于行动，才能成就梦想。

先天的不足，后天的缺陷，这些都不是一个人恐惧行动的借口。因为它们不会因为你不去行动就自动消失，你必须要通过勇敢的努力，在不断的碰壁和失败中扬长避短，让自己变得更加强大。只要尝试过，努力过，即便失败了也没有遗憾。今天不害怕，明天才能不后悔。只有抓住现在的人，才有资格谈论未来！只有行动，才能最终带来成功！所以，尊重现实，改变自己，马上迈开腿向前走，这是你唯一能做的事情。

行动是成功的开始，行动，需要会调节自己。首先要认识自己，认识他人。认识自己正处于人生关口，认识自己所面对的升学压力，认识正值青春期的驿动的心绪；认识父母为我们付出的艰辛，认识老师的殷殷期待，认识父母老师是在尽各自的一份责任，认识他们同样也面临着巨大的压力。有了如此的"认识"，我们就能够心气和平地面对学习，面对每一个与他人相处的日子，就会少一些抱怨，少一些烦躁，少一些痛苦；就会在被误解的时候，选择理解和沉默；在跌入谷底的时候，选择坚强和乐观；在与他们发生分歧的时候，选择宁静与平和；在别人的喧闹和焦躁中，选择自己独有的单纯和专一。

时间不等人，机遇不等人，伯乐也不等人。你的命运和人脉，也并非天生就属于你。大胆地尝试一下又能怎么样呢？即使一无所成，我们并不会失去什么！

不敢尝试和行动，就将错失机遇

广告设计师小林刚加入一家公司就面临着非常激烈的竞争，这里有很多优秀的策划人，有时为了竞争同一个广告的策划方案，彼此之间势如水火，争得不开可交。没有经验的小林，有些手足无措，经常不知该怎么办才好。重要的是，他拿不出足够的勇气去迈出竞争的第一步。

在广告创意、设计和策划方面，他本来是一个极有能力的年轻人，总监起初也非常欣赏他，想重点培养他。但在如此激烈的环境里，他开始变得不自信。有一个广告，总监让他们每人交一份初步的方案。大家都按时完成工作，只有他还在修改调整，总觉得相比别人，自己的想法没什么优势。所以他犹豫不决，生怕被挤掉。公司当然不会坐视一个人有这么低下的工作效率，总监对他非常失望，试用期刚结束就让他离职了。

小林进行了痛苦的反思。到了二次就业时，他调整心态，以主动的态度迎接竞争，自信地向上司展示自己的创意，勇敢地跟每一个同事进行交流，融入他们的圈子，展示自己的个性。

他变得非常有行动力，做事果断，敢于竞争，不停地尝试自己的想法。没过多久，他成为该公司最年轻的总监助理。

要想抓住机会，就一定要积极地去努力，积极地去奋斗。成

功者从来都不等待，不拖延，也不会等到"有朝一日"再去行动，而是今天就动手去做。他们忙忙碌碌地做了一天之后，第二天又接着继续去做，持续不断地努力、失败，直到成功。机会不会从天而降，需要自己去争取，需要自己去创造。守株待兔得来的永远只有一只兔子，唯有积极的行动，才会获得成百上千只兔子。即便机会真的会从天而降，如果你背着双手，一动不动，机会也会从你身边滑过。

放手去做，一切皆有可能

乔·吉拉德——世界吉尼斯汽车销售冠军，是世界上最伟大的销售员，他连续12年荣登世界吉尼斯纪录大全世界销售第一的宝座，他所保持的世界汽车销售纪录：连续12年平均每天销售6辆车，至今无人能破；因售出13000多辆汽车创造了商品销售最高纪录而被载入吉尼斯大全；他曾经连续15年成为世界上售出新汽车最多的人，其中6年平均每年售出汽车1300辆。

乔·吉拉德也是全球最受欢迎的演讲大师，曾为众多世界500强企业精英传授他的宝贵经验，来自世界各地数以百万的人们被他的演讲所感动，被他的事迹所激励。

三十五岁以前，乔·吉拉德是个全盘的失败者，他患有相当严重的口吃，换过四十个工作仍一事无成，甚至曾经当过小偷，开过赌场；然而，谁能想象得到，像这样一个谁都不看好，而且是背了一身债务几乎走投无路的人，竟然能够在短短三年内爬上世界第一，并被吉尼斯世界纪录称为"世界上最伟大的推销员"。

他是怎样做到的呢？虚心学习、努力执着、注重服务与真诚分享是乔·吉拉德四个最重要的成功关键。

销售是需要智慧和策略的事业。但在我们看来，信心和执着最重要，因为按照预测推断没人会想到吉拉德会有后来的辉煌！

由此可见，假如你的出身比吉拉德强，没有偷过东西，假如你不口吃，那你没有理由不成功，除非你对自己没有信心，除非你真的没有努力过，奋斗过。

成功和失败之间，实际上只有一线之隔。有的人之所以总是品尝失败，恰恰是因为他恐惧失败。他被内心那个自卑、懦弱和绝望的"我"拖住了前进的脚步，对自己要做的事情，没开始就充满悲观，因此他只能一事无成！

我们的命运掌控在我们自己手中，说白一点，命运里的一切只是我们心里想法的表现。生活也只是我们内心的抉择，不论是有意还是无意，假如你选择痛苦，那么你就会痛苦，假如你选择幸福，那么你就会幸福。既然选择了，那么就请用心把它做好。如果放弃了，那么就不要后悔。因为那些都是我们自己的选择。

也许在你看来，成功者的行动总是如此顺利，你错了，你只看到了表面。其实成功者遇到的困难比失败者更多，只是他从来没有停下，他们知道失败一定是有原因的，找到原因，便继续赶路，一直勇敢走到成功。

现在我们所熟知的成功人士还很少，所以对于行动的真正含义的理解还很浅薄。不过纵观这些事例，我们知道没有行动就一定没有成功。不要再为失败而哭泣，因为它已经成为过去。不要再在原地停留，否则你一定会失败。当下我们都还正值青春年华，我们都有梦想，那么请不要等待，行动起来。在行动的过程中我们不可能一帆风顺，为了长久的快乐，有时候我们要忍受痛苦。相信：别人能成功，我们也一定能！

成功只能证明过去，代表昨天。当然，最好的羡慕就是立即行动，临渊羡鱼，不如退而结网。凭借内心的坚持和执着，让梦想的种子落地生根。可是还没到结束的时候，还需要在梦的土壤里，用切切实实的行动来精耕细作，让自己成为一个拥有梦想花园的园丁。行动吧！从现在开始。

第三节 谎言腿短走不远

人总是在不断地说谎。谁要是说自己不说谎，这就是一个彻头彻尾的谎言。有的人一生都在说谎，他的存在本身就是一个谎言。世界是由真实的材料组成的，谎言就像泡沫一样漂浮在表面，时间让它消耗殆尽，就好像从来都没有发生过。有的人偶尔说谎，除了他自己，没有人知道这是个谎言。

即便你说的是一个善意的谎言，可实际上仍然具有欺骗性。所以，我们要崇尚真诚，远离谎言。一个人不守信用，一而再、再而三地食言、无诚信，一定会引起人们的猜疑和不满。

很久以前，西方有位哲人曾经说过："这个世界上只有两样东西能引起人内心深深的震动，一个是我们头顶上灿烂的星空，另一个就是我们心中崇高的道德准则—诚信。"很明显，没有什么比心灵美更美丽无邪的，而诚信却是内心美的表现之一。即使是高贵的、善意的谎言，传播久了，这个丛林社会也会充满毒恶的瘴疬之气。

"谎言"之所以被称为"谎言"，那是因为它是虚伪的、虚幻的、骗人的假话。一个人假如经常说谎，哄骗他人，久而久之，他便会失去人们的信任。就如同"狼来了"的故事中的那个孩子一样，每天都喊"狼来了"以寻求刺激、开心，而当狼真的来时，他只有一个人独立去面对，自己去承担，再怎么喊叫也无济于事，也不会有人再来帮助他。所以，可能来帮助他的人已经习惯了他的喊叫，以为又是他在"逗你玩"。由此可见，谎言于真诚有碍。

乔布斯曾说过："不要去欺骗别人，因为你能欺骗的人，都是相信你的人。"真诚是一种不加遮掩的透明，是一种没有面具没有虚伪的坦露；真诚是一种优雅，是一种平静，是一种纯洁，是一种美好，是一种淡泊，更是一种成熟。在你的人生中，多一份真诚，就多一份自在；多一份真诚，就多一份坦率；多一份真诚，就多一份祥和。"真诚不是智慧，但是它经常放射出比智慧更诱人的光泽。"

真诚，在朋友的眼里是信任的桥梁。

朋友聚会，互吐衷肠，没有掩饰，没有保留。那种心与心的交流，让人感到踏实、让人走出孤独，看到光明、看到开阔的境界。来来往往中，朋友之间的惺惺相惜在加深；朋友之间的彼此认同在加深；朋友之间的信任也就由此而生。而正是朋友之间的信任，让我们感受到生活和工作的活力与生机，感受到激情和关爱。

真诚，在亲人们的眼里是滋润亲情的甘露。

我们对待朋友需要诚恳，对待自己的亲人又何尝不是一样。

假如在自己的亲人面前言不由衷，甚至谎话连篇、自私自利，那就是让虚伪占有了自己的灵魂，亲情就会受到伤害，哪怕是父子、兄弟也会感情淡漠，形同路人。只有真诚常在，亲情才会犹如苍松四季常青。

真诚，在战士的眼里是一种生命的托付。

战士离不开队伍，战士之间离不开真诚。缺少真诚的队伍，必定会变成一盘散沙。在战火纷飞的战场上，唯有团结协作、意志坚定统一的队伍，才会有更大的胜数。在战场上，指战员的真诚指数当然成为队伍战斗力的一个重要指标。我打掩护你冲锋，因为我对你的真诚，你毫不犹豫地把生命托付给我。这是一种多么可歌可泣的情谊。

真诚，在恋人的眼里是空气、是水分、是粮食。

男女相恋，这是人世间一种美好的情感体现。多少人为之向往，多少人为之倾倒。可是，又有多少相恋男女情感夭折。仔细分析夭折的男女恋情，我们不难发现，它们夭折多是由于不够真诚。正是因为虚伪的言行，让走到一起的男女双方都感到了陌生、厌倦、失望。真诚是爱情的基石。离开真诚，恋情就会像一株小草失去了阳光和雨露，很快就会枯萎掉了。

曾巩真诚待人

曾巩是宋朝的一位大诗人。他为人正直宽厚，襟怀坦荡，对朋友一贯心直口快，直来直去。他和宋代改革家王安石在年轻的时候就是好朋友。王安石二十五岁那年，当上了淮南判官，他从淮南请假去临川看望祖母，还专门去拜见曾巩。曾巩十分高兴，非常热情地招待了他，后来还专门赠诗给王安石，回忆相见时的情景。有一次神宗皇帝召见曾巩，并问他："你与王安石是布衣之交，王安石这个人到底怎么样呢？"曾巩不因为自己与王安石多年的交情而随意抬高他，而是很客观直率地回答说："王安石的文章和行为确实不在汉代著名文学家扬雄之下；不过，他为人过吝，终比不上扬雄。"宋神宗听了这番话，感到很惊异，又问道："你和王安石是好朋友，为什么这样说他呢？据我所知，王安石为人轻视富贵，你怎么说是'吝'呢？"曾巩回答说："虽然我们是朋友，但朋友并不等于没有毛病。王安石勇于作为，而'吝'于改过。我所说的'吝'乃是指他不善于接受别人的批评意见而改正自己的错误，并不是说他贪恋财富啊！"宋神宗听后称赞道："此乃公允之论。"也更钦佩曾巩为人正直，敢于批评的性格。

因失信而丧生

济阳有个商人过河时船沉了，他抓住一根大麻杆大声呼救。有个渔夫闻声而至。商人急忙喊："我是济阳最大的富翁，你若能救我，给你100两金子。"待被救上岸后，商人却不认账了。他只给了渔夫10两金子。渔夫责怪他不守信，出尔反尔。富翁说："你一个打鱼的，一生都挣不了几个钱，突然得10两金子还不满足吗？"渔夫只得快快而去。不料想后来那富翁又一次在原地翻船了。有人欲救，那个曾被他骗过的渔夫说："他就是那个说话不算数的人！"于是商人被淹死了。商人两次翻船而遇同一渔夫是偶然的，但商人的不得好报却是必然的。因为一个人若不守信，便会失去别人对他的信任。所以，一旦他处于困境，便没有人再愿意出手相救。失信于人者，一旦遭难，只有坐以待毙。

季布"一诺千金"使他免遭祸殃

秦末有个叫季布的人，一向说话算数，信誉非常高，许多人都同他建立起了浓厚的友情。当时甚至流传着这样的谚语："得黄金百斤，不如得季布一诺。"（这就是成语"一诺千金"的由来）后来，他得罪了汉高祖刘邦，被悬赏捉拿。结果他的旧日的朋友不仅不被重金所惑，而且冒着灭九族的危险来保护他，使他免遭祸殃。一个人诚实有信，自然得道多助，能获得大家的尊重和友谊。反过来，如果贪图一时的安逸或小便宜，而失信于朋友，表面上是得到了"实惠"。但为了这点实惠他毁了自己的声誉，而声誉相比于物质是重要得多的。所以，为了利益失信于朋友，无异于丢了西瓜捡芝麻，得不偿失。

人与人之间相处，最重要的是坦率和真诚，我们所欣赏的就是朋友之间的那种纯净和坦诚，就像天空，宽广无限，像大海，宽厚博大。真诚就像是一粒种子，即便微不足道，却总是能够长出让人充满希望的一片新绿；真诚是一把钥匙，它能够帮助你收获无尽的友爱，找到美满的爱情；真诚是一副感化剂，它能够感

伦理与人生——厚德载物的知识

化人间的铁石心肠、冷酷面孔，教浪子回头。真诚是真情实感的流露，是一种心态情绪，是一种博爱。

人生不能离开真诚，一定要去拥抱真诚。在纸醉金迷的现实社会里，真诚常常被烟雾笼罩，人们就应该拨开迷雾，崇尚真诚。真诚来自心灵，是人与人之间彼此的信任和坦诚。真诚来自于行动，是日积月累在他人心中积累、塑造的形象。真诚更是一种美，是我们灵魂深处盛开的一朵圣洁之花。

第四节 道德洼地不可居

中国是具有五千年文明历史的古国，素有"礼仪之邦"之称，从前的中国人也以其彬彬有礼的风貌而闻名于世。礼仪文明作为中国传统文化的一个重要组成部分，对中国社会的历史发展起到了广泛而深远的影响，其内容十分丰富。礼仪所涉及的范围十分宽泛，几乎渗透于古代社会的各个方面。

在中国古代，礼仪是为了适应当时社会统治的需要，从宗族制度、贵贱等级关系中衍生出来，因而具有那个时代的特点及局限性。究竟是什么原因造成社会道德水平下降？除了社会转型期带来的社会负面影响、家庭道德教育的缺少外，更关键的是当前人们自身道德观的缺失。

小悦悦事件

2011年10月13日，广东佛山的两岁女童小悦悦被两辆车先后3次碾轧，而在7分钟内竟有18名路人不闻不问，直到拾荒阿姨陈贤妹经过，将悦悦搬离街心。小悦悦事件后，社会道德缺失的事件再次活跃在民众的眼中。华南师范大学理论部副主任谈方教授针对小悦悦事件说道：建议建立小悦悦事件纪念碑，警醒现在的国人，告诫我们的子孙后代，要大力呼吁每个人担当自己的责任，守住自己的道德底线，不能一味地指责政府和社会，要做自己应该做的事情。就像盖楼一样，要从一砖一瓦做起，我们要自我思考一下，我们自己碰到这样的事要怎么做。对整个社会来说，可以从法制建设与规范、加强公民应急救助知识教育、舆论宣传引导、发挥社会公益组织作用等方面更扎实地进行补救和建设。

"小悦悦事件"之后，社会各界纷纷以各种方式表达自己的震惊、愤怒、悲痛和失望，对见死不救的行为展开了谴责、质问和反思。

假如我们肯认真地面对现实，我们就会正视这样一个答案：很多人既承受着信仰缺乏的伤害，又面临着信仰需求的饥渴。一个人什么都不怕了就是最可怕的事。因为没有信仰，我们在别人眼里，最后在自己人眼里，渐渐变得冷漠。

可是，孔子早在两千多年以前就说过"自古皆有死，民无信不立"的名言。问题出在哪里呢？这是因为下面两个方面没做好，关系处理不得当：

一是如管子所言："仓廪实而知礼节。"经济的发展是决定一切的主要力量。道德水平的提高，整体上也要依靠经济的发展来解决。二是如孔子良言："不义而富且贵，于我如浮云。""四有"公民是目标。社会的进步取决于我们要培养有理想、有道德、有文化、有纪律的公民，加强思想道德建设。

总之，物质文明和精神文明要一起抓，"两手抓，两手都要硬"。尤其要树立爱国主义、集体主义、社会主义，以及共产主义的远大理想，清除拜金主义、享乐主义、利己主义和功利主义的私己毒瘤。否则，人人都得为道德缺失买单。

可行的对策：

1. 充分发挥校园文化的作用，努力营造良好的校园气氛，加强主流意识的宣传，让积极的道德意识在潜移默化中影响青少年的发展。

2. 突出家庭教育的基础性地位。首先，作为父母要努力提高自身的道德修养。一是要意识到自身的不足，给子女树立好的典范。其次，纠正不当的教育方式。作为家长必须矫正陈旧落后的教育方式，改变溺爱、粗暴等错误方法，要多与子女进行沟通和交流。与此同时，家长的教育观念也要转变，不能只关注孩子的学习成绩，更要重视子女的思想品德修养，只有这样，才能把孩子培养成符合社会需要的人才。

3. 强化青少年的自律和他律意识。作为青少年，首先，要注重道德修养，加强明辨是非的能力。不但要努力学习文化知识，更要加强自身的道德修养，以增强明辨是非的能力。其次，培养"慎独"精神。即在个人独处的时候，要自觉地严于律己，谨慎地对待自己的所思所行，防止有违道德的欲念和行为发生，努力提升自身的道德境界。最后，积极主动与老师、辅导员沟通交流，以及时纠正自身存在的问题。

总之，在日常的生活中，我们更应该时刻保持着清醒的头脑，拒绝不良思想的影响，提高自身道德水平，从而提升自己综合素质，提高自己的竞争力来迎接更多的挑战！

第五节　与人绝交不出恶声

要学会"修口积德"

人生中有善缘就会有恶缘，假如谦恭低调地去善解恶缘，人生中的恶缘就会逐渐减少，未来的人生一定会逐步走向光明。可是，当人出于自私的观念保护自己时，通常很难掌控自己的心绪，对攻击、欺骗自己的人大多会采用以暴制暴、以恶制恶的方式去回击，这样的结果必定是两败俱伤，恶缘得不到善解，将来说不定还有"冤冤相报何时了"的隐忧。因此，古代的君子贤达，绝交时从不恶语相向，即使受到不公正对待，离开某个地方时也不会坏话。"修口积德"，不论对任何人来讲，都是有利无弊的。

"君子绝交，不出恶声"的典故出自《史记》：

战国时赵国人乐毅，会用兵。燕昭王能礼贤下士，乐毅便去投奔他。

齐愍王恃强凌弱，四处用兵，惹得百姓怨声载道。

燕昭王与齐国有仇，要去攻打齐国。乐毅说："齐国是强国，地大人多。如要攻打就要联合赵、楚和魏国。"

燕昭王听从了。于是乐毅说服了赵国，统领燕、赵、楚、韩和魏的军队攻打齐国，在济水西大破齐军。之后乐毅率领燕军继续进攻，五年之间齐国七十多座城池都归了燕国，只剩下莒、即墨两城。

这时燕昭王去世，燕惠王即位。燕惠王不喜欢乐毅，齐国又使反间计，于是燕惠王派人代替了乐毅，叫乐毅回去。乐毅怕被诛杀，逃亡到赵国。结果燕军大败，齐国很快收复了所有失地。

燕惠王写信欲治罪乐毅。乐毅回信说：先王论功行赏，能者处之，希望大王能发扬光大。我听说善始者不一定能善终，伍子胥是因为这一点被杀的。古代的贤达，绝交时从不恶语相向，离开这个国家也不去说他的坏话。现在我虽在赵国，可并没有伤害燕国啊。

于是，燕惠王就不再难为乐毅了。

从此以后，"君子绝交，不出恶声"便成为古人对君子风度的称赞。即便你伤害了我，我与你割袍断义，也依然会给对方留有余地。这便是人际关系的最高境界。

一个真正有本领的人，拥有高尚豁达坦荡的胸怀，是不需要借助于别人的羡慕来肯定自己的。同样的，一个真正懂得爱和尊重的人，也一定了解交往是两个人的事，一般朋友如此，越是亲密的朋友越当如此，尤其是异性朋友。一旦不想再交往，绝不可四处宣扬对方的"坏"，四处破坏对方的形象。这种蓄意张扬、心怀恶念的人，心态上是不健康的。

同时要明白，无论是朋友之间、恋人之间、同事之间还是亲戚之间，从相遇、相识、相知到有情有义或是因为不得已的原因走上分手之路，都曾蕴涵着很美好的情缘。如果曾经相处过，更应当珍惜那份共同的感情而不要伤害对方，更应该明白，这样才能营造和谐的生活。

不过，既然绝交，想必有不得不如此的理由，这中间也必然包含着几许惆怅、憾恨及许多双方都难以突破的心灵障碍。此时要相信，绝交时尚需厚德，不可恶语交加。而且要提醒自己，在平时为人处世中也要注意留口德，莫出口伤人。那些侮辱人，有损人尊严的话会让人记恨一辈子。

《天龙八部》中慕容复的三位家臣请辞时，邓百川长叹一声，道："我们向来是慕容氏的家臣，如何敢冒犯公子爷？古人言道：合则留，不合则去。我们三人是不能再伺候公子了。君子绝交，不出恶声，但愿公子爷好自为之。"

邓百川、公冶乾、风波恶三人同时一揖到地，说道："拜别公子！"三人出门大步而去，再不回头。

人与人之间会因为各种原因而产生矛盾，一旦发生矛盾，有些人就会选择撕破脸、恶语相击、发誓老死不相往来的方式处理问题。这样做又何必呢？不愉快的事情发生了，总会有个结果，为了不发生更可怕的后果，好聚好散是最理想和实际的，"君子绝交，不出恶声"，是我们应当借鉴的。

人生中最大的烦恼不是物质的匮乏，而是在于精神上无法达到安静祥和的心态。常怀忍让与感谢之念，就能包容他人的过错，不至于恶语失德。立志于修身养性的人，当以修口为先。

坦然面对人生中的绝交

人的品性不同，教养不同，起点不同，目的也不同，相处时的摩擦不可避免。但不论如何，能走到一起，就是有缘。善待人生中出现的每一个人，即使最后发现无法相处，也可以选择沉默地离开。朋友走到绝交这一步，已是万不得已。只有以绝交来切断彼此的牵扯，颇有壮士断腕的悲壮，对于双方心理上也是一次重创。两个人的事，好好坏坏，都是属于彼此，实不足为外人道。有人说，每个人有三种人际关系，一种是朋友，一种是路人，一种是敌人。一个人最好没有敌人，只有朋友，朋友做不了，还可以是路人。即便对方真的是罪不可恕，我们也不必做惩罚者，这样我们也就不会是受害者。

生活里或许会有磨难，可是人不可以折磨自己，不喜欢的人不理他就是。君子绝交虽然谈不上是愉快的事，但也没必要将之视为过于难堪的失败。重要的是，如何镇定地处理绝交后的相互关系。"不出恶声"是应该遵循的。所谓不出恶声，包括了不讲对方坏话，不必把所有过失推到对方身上，不宣扬对方的隐私等。而这其中最高的落点，则应该是"三缄其口"，绝口不提有关彼此的一切。这时候，那个绝对沉默的一方，必定是厚道、懂得尊重他人的真正有修养的人，甚至可以说，他才是真正有爱心、有良知的人。虽已绝交，却未绝情的仁人君子。

君子绝交，应是深思熟虑的结果，事情已无可挽回，从此分道扬镳，各奔前程。一个人口出恶声时，样子必定难看，声音必定难听，跟君子平常的风度有太大的差别，看在旁人的眼中，都只会减分，甚至令人失望。君子与一个人绝交时，当会想起大家也曾是朋友，有一番快乐的相交，假如今天要分手，总是一件遗憾事，那又何必让它有一个丑恶的结局呢？

君子绝交当会想起自己也要负部分责任，就算道理全在自己这边，起码也是因为自己择友不善，不识人的真面目，倒不如自我检讨，又何苦再去伤害对方。

君子既决定绝交了，就不会再拖泥带水，要洒脱地分手，从此再非朋友，却也不一定是敌人。不要因对方的失败而幸灾乐祸，也不要因为对方的成功而心生妒忌。你是你，他是他，一切与你无关。

人生路上，在此站下车，换乘另一趟车，回头望望一起风风雨雨走过的路人或朋友，心情起伏，内疚也好，祝福也罢，唯愿各自搭乘的列车继续前行，享受沿途的风景，实现梦想的目标。这样，你的人生自会有一种相对高的境界。

第六节　占领道德高地，方显高尚人格

注重个人的道德修养

道德是一种社会意识形态，是人们共同生活及其行为的准则和规范。它是一把标尺，衡量着高尚与卑微；它是一盏灯，引导着人们前行的方向；它更是一种力量，激励着人们与真为邻，与善为伍，与美同行。

中国向来是一个崇尚道德的国度。从孔子的"君子喻于义，小人喻于利"，到孟子的"得道者多助，失道者寡助"，以及后来"修身洁行，言必由绳墨""铁肩担道义，妙手著文章"，一句句掷地有声的话语，是人们纯洁内心弹奏的最美妙的音符。从尧舜禅让到孔融让梨，从舍生取义、以身报国的革命先烈到诚实守信、见义勇为、助人为乐的道德典范，一个个让人肃然起敬的历史故事，是人们崇高品德绽放出的最美丽的花朵。纵观古今，不论是古代史还是近代史、现代史，无不闪烁着道德的光芒，无论何时都会让人们心潮澎湃、无限敬仰。

《易经》说："形而上者谓之道，形而下者谓之器。"道就是精神，器就是物质，两者必须平衡，才能维护社会的和谐关系。人类几千年来都一直被这两者撕扯着，纠缠着，社会管理者也一直在做着平衡的努力。在很长一段时间里，人们的社会生活，随处被绑架上了道德法庭，接受了道德的拷问和质询，以至于忽略了甚至是践踏了人性的底线。现在，我们已经走过了这个阶段，这无疑代表了时代的巨大进步，可是我们需要防止走向另一个极端，那就是陷入"乱花渐欲迷人眼"的物质主义的糟粕之中，导致道德上的虚无、沉沦、扭曲与异化。物质与精神，个体与社会，只有真正构成平衡关系、和谐关系，才能重建我们这个民族和我们这个社会的道德高地。

勇于坚守道德责任者在中国历史上和现实中都不乏其人。

宋濂是我国明代的著名学者，也是个极其重视守信的人。他的年轻时代，留下了许多守信的故事。有一次，宋濂要去远方向一位名人请教，时间是事先约定好的。谁知将要出发时，天下起了鹅毛大雪。当宋濂挑起行李准备上路时，母亲惊讶地说："这样的天气，怎能出远门呀？再说，老师那里早已大雪封山了，你怎么去得了？"宋濂回答说："娘，今天不出发，就会耽误拜师的时间了，那是一种失约。失约，就是学生对老师的不尊重啊！风雪再大，我也得出发。"说罢，就冒着大风雪出发了。一直走了一天一夜，宋濂如期赶到了老师的家门口。当意外地看到这个全身湿透的年轻人站在自己面前时，老师感动了。他说："年轻人，你这样的守信，将来一定会有出息的。"

不难看出，道德责任在于坚守。坚守是一种严格的自律，是一种对于承诺的兑现，是一种对原则的实践。它源于一个人的道德自信与自律，源于对于社会公平正义的忠诚与企盼。坚守是困难的，因为它需要经受社会大熔炉的煅烧与冶炼，才能射出强光，让社会阴暗的一面在它的灼照中无所遁形。

正视并规范道德

道德是一种心灵的自觉，体现为自觉守信，自觉遵守，自觉的修正，自觉的行动和自觉的习惯，并最终上升为一种发自内心的自我管理境界。

道德管理在本质上是一种动机管理和效果管理，"做什么"、"为什么做""怎样做"和"做到什么效果"一定出于一种自认为合乎某种情理的动机，也一定会产生某种影响社会舆论和社会关系的结果。这种动机总是源自于对某种欲望进行满足的目的，同时在效果上又不背离于自身对善恶评判的标准，也正是这个标准才具有了一种对动机的实施进行制衡的力量，这便是道德的力量。这个标准也就是道德标准。如此说来，每个人都有不同的道德标准，而只有趋同并形成共识的道德标准，才具有至高无上的普世价值，才是管理者们应该倡导并竭力推行的社会道德标准。

道德是指引人们追寻至善的良师，是社会矛盾的调解器，是催人奋进的引路人，是站在心灵制高点上的正义的法官，不但调适了人与人之间的关系，而且还平衡人与自然之间的关系。道德问题不能完全靠体制，个体的修炼和塑造同样至关重要。一个成熟的社会应该是这样的，官员也好，学者、民众也罢，都应上有对精神信仰的敬畏，下有对制度约束的顾忌，个体道德和社会道德，应该是相辅相成、不可分割的关系。

正视道德规范的缺失现象，正是为了促进道德的重建。我们很是欣慰地看到，身边依然有不少人，在坚守着自己的道德底线，有着自己高尚的道德追求和道德操守。道德重建，需要我们从自己做起，从一点一滴中做起。本书用通俗易懂的语言，生动鲜明的事例，精辟深刻的论述，阐释了道德的深刻内涵以及道德修养的简便途径。不论你是国家公务员、企事业单位领导、普通员工，还是在校学生，都有必要静下心来反省自己，因为唯有重建全社会的道德高地，唯有驱除自己心中的乌云，我们才能拥有一片灿烂的星空。